建筑设计要素丛书

U0169625

外部环境
External Environment

于　莉　张彩丽　编著

中国建筑工业出版社

图书在版编目（CIP）数据

外部环境 = External Environment ／ 于莉，张彩丽
编著．—北京：中国建筑工业出版社，2022.9
（建筑设计要素丛书）
ISBN 978-7-112-27688-2

Ⅰ．①外⋯ Ⅱ．①于⋯ ②张⋯ Ⅲ．①外部环境—环
境设计—建筑设计 Ⅳ．①TU-856

中国版本图书馆CIP数据核字（2022）第138660号

责任编辑：唐　旭　吴　绫
文字编辑：李东禧　孙　硕
书籍设计：锋尚设计
责任校对：张惠雯

建筑设计要素丛书
外部环境
External Environment
于　莉　张彩丽　编著

＊
中国建筑工业出版社出版、发行（北京海淀三里河路9号）
各地新华书店、建筑书店经销
北京锋尚制版有限公司制版
北京中科印刷有限公司印刷
＊
开本：787毫米×1092毫米　1/16　印张：$13\frac{1}{2}$　字数：294千字
2022年8月第一版　　2022年8月第一次印刷
定价：**52.00**元
ISBN 978-7-112-27688-2
（39653）

◈ 总序

何为建筑？

何为建筑设计？

这些建筑的基本问题和思考，不同的建筑师有着不同的体会和答案。

就建筑形式和构成而言，建筑是由多个要素构成的空间实体，建筑设计就是对相关要素的组合，所谓设计能力亦是对建筑要素的组合能力。

那么，何为建筑要素？

建筑要素是个大的范畴和体系，有主从之分和相互交叉。本丛书结合已建成的优秀案例，选取九个要素，即建筑中庭、建筑入口、建筑庭院、建筑外墙、建筑细部、建筑楼梯、外部环境、绿色建筑和自然要素，图文并茂地进行分析、总结，意在论述各要素的形成、类型、特点和方法，从设计要素方面切入设计过程，给建筑学以及相关专业的学生在高年级学习和毕业设计时作为参考书，成为设计人员的设计资料。

我们在教学和设计实践中往往遇到类似的问题，如有一个好的想法或构思，但方案继续深化，就会遇到诸如"外墙如何开窗？入口形态和建筑细部如何处理？建筑与外部环境如何融合？建筑中庭或庭院在功能和形式上如何组织？"等具体的设计问题；再如，一年级学生在建筑初步中所做的空间构成，非常丰富而富有想象力，但到了高年级，一结合功能、环境和具体的设计要求就会显得无所适从，不少同学就会出现一强调功能就是矩形平面，一讲造型丰富就用曲线这样的极端现象。本丛书就像一本"字典"，对不同要素的建筑"语言"进行了总结和展示，可启发设计者的灵感，犹如一把实用的小刀，帮助建筑设计师游刃有余地处理建筑设计中各要素之间的关联，更好地完成建筑设计创作，亦是笔者最开心的事。

经过40多年来的改革开放，中国取得了举世瞩目的建设成就，涌现出大量具有时代特色的建筑作品，也从侧面反映了当代建筑教育的发展。从20世纪80年代的十几所院校到如今的300多所，我国培养了一批批建筑设计人才，成为设计、管理、教育等各行业的专业骨干。从建筑教育而言，国内高校大多采用类型的教学方法，即在专业课建筑设计教学中，从二年级到毕业设计，通过不同的类型，从小到大，由易至难，从不同类型的特殊性中学习建筑的共性，即建筑设计的理论和方法，这是专业教育的主线。而建筑初步、建筑历史、建筑结构、建筑构造、城乡规划和美术等课程作为基础课和辅线，完成对建筑师的共同塑造。虽然在进入21世纪后，各高校都在进行教学改革，致力于宽基础、强专业的执业建筑师培养，各具特色，但类型的设计本质上仍未改变。

　　本书中所研究的建筑要素，就是建筑不同类型中的共性，有助于专业人士在建筑教学过程中和设计实践中不断地总结并提高认识，在设计手法和方法上融会贯通，不断与时俱进。

　　这就是建筑要素的重要性所在，两年前郑州大学建筑学院顾馥保教授提出了编写本丛书的构想并指导了丛书的编写工作。顾老师1956年毕业于南京工学院建筑学专业（现东南大学），先后在天津大学、郑州大学任教，几十年的建筑教育和创作经历，成果颇丰。郑州大学建筑学院组织学院及省内外高校教师，多次讨论选题和编写提纲，各分册以1/3理论、2/3案例分析组成，共同完成丛书的编写工作。本丛书的成果不仅是对建筑教学和建筑创作的总结，亦是从建筑的基本要素、基本理论、基本手法等方面对建筑设计基本问题的回归和设计方法的提升，其中大量新建筑、新观念、新手法的介绍，也从一个侧面反映了国内外建筑创作的发展和进步。本书将这些内容都及时地梳理和总结，以期对建筑教学和创作水平的提升有所帮助。这亦是本丛书的特点和目标。

　　谨此为序。在此感谢参与丛书编写的老师们的工作和努力，感谢中国建筑出版传媒有限公司（中国建筑工业出版社）胡永旭副总编辑、唐旭主任、吴绫副主任对本丛书的支持和帮助！感谢李东禧编审、孙硕编辑、陈畅编辑的辛苦工作！也恳请专家和广大读者批评、斧正。

郑东军

2021年10月26日

于郑州大学建筑学院

◈ 前言

环境是人类的家园，是人类生活的外部世界。人与环境之间紧密联系，相互影响。如何看待人与环境的关系，东方与西方文化存在明显的不同。东方文化崇尚"天人合一"的和谐理念，认为人是周边自然环境中的一部分，人法地、地法天、天法道、道法自然，人与自然是一个有机联系的整体；而西方文化则更强调人对自然环境的征服，人与自然处在分隔的状态，人类高于自然，应该以自身的需求、欲望来对待自然，改变自然，使其向人类"俯首称臣"。自工业革命到现在200多年以来，科技的发展改善了人类的生活状态，使我们的生活越来越便利、舒适，但其带来的负面效应也日益凸显：自然资源枯竭速度越来越快；氟利昂的使用导致臭氧层空洞；原子能与核武器的不当使用会给人类带来灭顶之灾等。

这种"科学至上""科学万能"的"科学教条主义"思想潮流在环境与建筑领域中的负面影响也比比皆是，致使人与环境之间在精神上缺少共鸣，情感上缺少沟通。在经历了资源枯竭、环境污染和生态危机的教训后，人们才深刻地认识到我们应该在环境艺术、建筑设计中寻求一种平衡，设计应该尊重外部环境，使建成环境与外部环境和谐共生。

本分册以建筑外部环境要素为研究对象，并将建筑外部环境分为自然环境、人工环境和人文环境三种类型。第一类为自然环境，建筑师进行建筑设计时应充分考虑自然环境特点，合理地利用自然环境，使建筑空间与周边自然环境相协调；第二类为人工环境，为了满足新的空间使用需求，应通过建筑师的智慧对原有人工环境进行再创造，营造出一个适合人们生活及社会活动的新环境；第三类是人文环境，建筑师通过弘扬历史、地域、场所的文化，创造出一种包含人类智慧、情感、意志的无形环境，提升环境的物质空间品质及精神价值。

本书重点运用案例分析的方法，从建筑设计角度对建筑外部环境要素进行分析总结。本书广泛搜集现代建筑优秀创作的相关案例，建筑类型包括私家别墅、集体住宅、行政办公、商业服务、教育文化、美术展览等，建筑不仅有经典的大师作品，也收纳了大量当代前卫建筑师创新之作，各种建筑风格及设计理念在此交融、碰撞，汇聚展现，使得本书的内容更加充实丰盈。本书通过图示语言与建筑实景照片类比的方式对建筑外部环境要素进行多层面的详细表达，试图探索出建筑设计与外部环境要素相关联的多样化的设计手法。

作者在广泛调查研究的基础上，绘制了大量的图例，进行了深入的分析汇总，旨在充分展示和清晰表达建筑与外部环境要素之间的各种关系，期望能够对建筑专业高年级的学生及相关专业设计人员有所启示，为学习和工作提供设计参考与帮助。

目录

4　建筑外部环境相关设计手法

1

外部环境概述

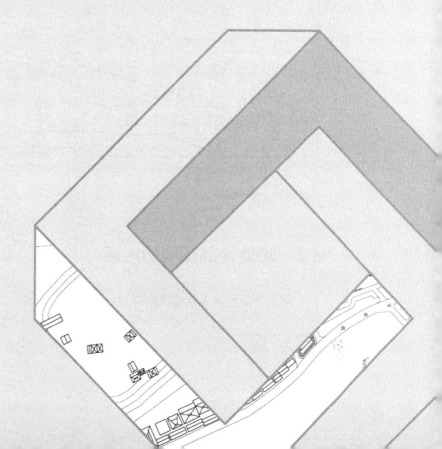

1.1　环境的概念

什么是环境?

《辞海》中，环境被描述为"人类生存和发展的各种外部条件和要素的总体"[①]。它是指人类所处位置的周边及其相关事物，一般分为自然环境以及社会环境。其中，自然环境是人类生存的一切自然形成的物质、能量的总体。主要包括空气、水、土壤、岩石矿物、太阳辐射，其他生物等要素；社会环境是指人类生存及活动范围内的社会物质、精神条件的总和，包括社会政治环境、经济环境、法制环境、科技环境、文化环境等。从广义角度看，环境包括整个社会经济文化体系；狭义范围内可以理解为人类生活的直接环境。

环境是一个不以人的意志为转移的客观存在，是人类赖以生存、发展的天然和人工改造的各种因素的综合体，包括自然因素与社会因素，以实体或非实体的形式存在。人类既是环境的产物，又是环境的改造者和创造者。一方面，人们可以通过学习，适应周围的环境；另一方面，人们通过自己的行为改造旧环境，创造新环境（图1-1-1）。

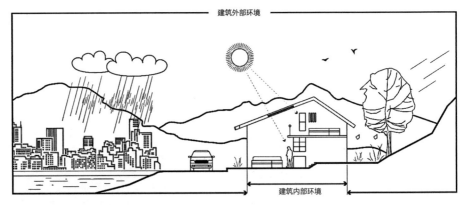

图1-1-1　环境关系示意图

（图片来源：作者自绘）

1.2　建筑外部环境的内涵

建筑外部环境是指建筑的周边环境，包括建筑所处的自然环境条件、建

---

①《辞海》第七版。

筑与周边环境的关系及对其产生限定性影响的特定环境，是人类在建筑营造过程中所必须考虑的重要因素（图1-2-1）。建筑师通过对外部环境的深入分析创造出新的建筑，而新的建筑形态也是对外部环境的一种回应和反馈。悉尼歌剧院、卢浮宫金字塔等建筑作品，均是与其外部环境精巧融合的经典实例（图1-2-2~图1-2-6）。

对于建筑与外部环境的关系，建筑师们有各自的理解与定义。建筑理论家芦原义信在《外部空间设计》中说："外部空间首先是从自然当中限定自然开始的。外部空间是从自然当中由框框所划定的空间，与无限伸展的自然是不同的。外部空间是由人创造的有目的的外部环境，是比自然更有意义的空间。"[1]西萨·佩里说："我相信，作为一个建筑设计师，最大的责任就是设计出最合适于该地点的建筑。因为不同的地点有不同的文化和功能，这一点需要我找出最合适的答案，而且需要设计最合适于那里的建筑。"[2]何镜堂在《建筑创作与建筑师素养》一文中提到："建筑是地区的产物，世界上没有抽象的建筑，只有具体的、地区的建筑，它总是扎根于具体的环境之中，受到所在地区的地理气候条件的影响，受具体自然条件以及地形、地貌和城市已有建筑地段环境所制约。这是造就一个建筑形式和风格的基本点。"[3]

图1-2-1　广西龙脊梯田与民居
（图片来源：作者自摄）

---

① （日）芦原义信. 外部空间设计［M］. 尹培桐译. 北京：中国建筑工业出版社，1985：3.

② 大师系列丛书编辑部. 西萨·佩里的作品与思想［M］. 北京：中国电力出版社，2006：40.

③ 本书编写组. 只问耕耘——华南理工大学本科教育改革实践（中）［M］. 广州：华南理工大学出版社，2007：843.

图1-2-2 悉尼歌剧院与太平洋
（图片来源：作者自摄）

图1-2-3 金字塔入口与卢浮宫
（图片来源：作者自摄）

图1-2-4 杭州集贤亭与西湖景观
（图片来源：作者自摄）

图1-2-5 杭州梦想小镇与周边历史环境
（图片来源：作者自摄）

图1-2-6 群山映衬之下的京都美秀美术馆
（图片来源：作者自摄）

建筑外部环境可以看作建筑主体的参照对象，并且借此使建筑主体与客体事实之间进行对话。因此，一些自然要素比如平原、林地、湖泊、山川、河流或者人工建设的道路、历史遗存的建筑都可以参与一个新建筑外部环境的构建，成为建筑与环境的交汇点。

建筑环境是构成人类生存环境的重要组成部分，客观上可分为建筑内部环境和建筑外部环境。建筑环境受特定的自然、人工和人文因素的制约，但也因此呈现出多样化特点。从空间的角度出发，相对于内部环境而言，建筑的外部环境是除构筑物围合的室内空间之外的人类活动空间；从环境构成的角度来看，建筑外部环境是人与外界接触能够与之产生交互的活动空间。建筑外部环境是自然和时间等各种因素的承载体，处于不同状况下的人对于"外部环境"这一概念理解不同，从而给出不一样的定义。本书把外部环境限定为建筑外部由自然环境、人文环境、人工环境共同组成的在建筑设计中对建筑形态产生影响的特定环境（图1-2-7）。

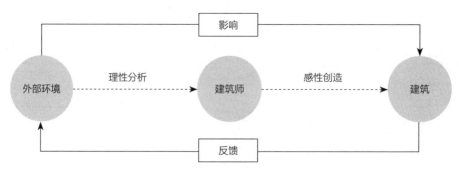

图1-2-7 外部环境—建筑师—建筑的关系
（图片来源：作者自绘）

2

建筑外部环境要素构成

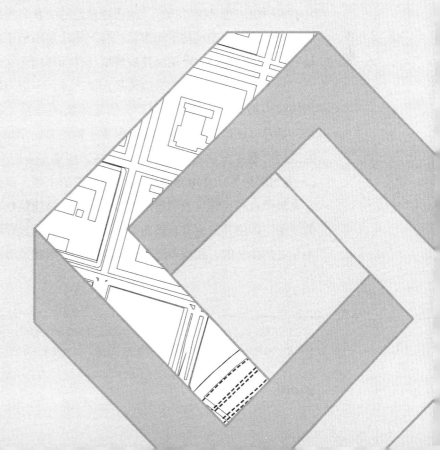

2.1 自然环境要素特征

2.1.1 概念与特征

任何建筑都处于一定的自然环境之中，并和山川、河流、植被、气候等不同特点的外部自然环境保持着某种特定联系，并且只有当建筑空间自然地与周边环境产生对话，才能更充分地显示出自身的特色和创造力。

对于如何在建筑设计中利用自然环境，不同建筑师看法迥异。目前来看主要有两个方向的观点：

第一种观点认为建筑应当向自然学习，充分考虑建筑所处的自然环境特征，达到建筑与自然环境和谐共融。19世纪下半叶的工艺美术运动主张恢复手工业传统，设计要借鉴自然，达到形式与功能的统一。建筑大师赖特崇尚"有机建筑"理论，极力主张"建筑应该是自然的，建筑应成为自然的一部分"。他的一系列代表作"草原式"住宅，充分体现了他试图通过建筑实体所塑造的空间脱离世俗，寻求"世外桃源"的设计倾向。当代建筑师隈研吾提出："无法与大地割裂开的，才是建筑。"[①]"除了高高耸立的、洋洋自得的建筑模式之外，难道就不能有那种俯伏于地面之上、在承受各种外力的同时又不失明快的建筑模式吗?"[②]他通过自己的一系列作品，以高科技技术表达和地域性的自然建筑材质元素相结合，使建筑根植于所处的场所环境，凸显地域性，从建筑的本质探讨建成环境与外部环境之间的关系。

另一种观点则认为建筑应该是人工产品，不应当模仿有机体，而应与自然构成一种对比的关系。代表人物是建筑师马瑟·布劳亚。他曾在"包豪斯"学习、任教，也是贝聿铭、保罗·鲁道夫、菲利普·约翰逊在哈佛大学的老师。他主张研究新技术、新材料，探索工业时代新的建筑艺术。他在《阳光与阴影》一文中提出："建筑是人造的东西，晶体般的构造物，它没有必要模仿自然，它应当和自然形成对比。一幢建筑物具有直线的、几何形式的线条，即使其中也有自然曲线，也应该明确地表现出它是人工建造的，而不是自然生长的。我找不出任何一点理由说明建筑应当模拟自然，模拟有机

---

① （日）隈研吾. 撕碎建筑的硬壳 [M]. 朱锷, 蔡萍萱译. 桂林: 广西师范大学出版社, 2019: 18.
② （日）隈研吾. 负建筑 [M]. 计丽屏译. 济南: 山东人民出版社, 2008: 12.

体或者自发生长出来的形式。"[1]

　　尽管这两种观点有着不同的侧重与出发点,但都认为建筑应当与周边环境建立一定的联系。也就是说,建筑与环境应具有一定的统一性。两种观点的区别在于,前者通过建筑与环境的融合达到统一,后者则是通过对比达到统一。

　　针对"建筑与环境如何产生关联"这个话题,我国古典园林也体现出设计者独特的理解,《园冶》一书中强调了"相地"的重要性,并重点分析了各类地形环境的特点。它主张充分考虑周边自然环境的特点,有效地利用自然环境,同时又用人工的方式来"造景",即按照人的理念创造新的环境,强调效法自然,艺术性地再造自然。

2.1.2　自然环境要素分类

　　自然环境要素是指环绕生物的空间中能够直接或者间接影响到生物生存、生产的一切自然形成的物质、能量的总体。从广义上讲,自然环境的范畴包含所能认识到的世界上一切存在的物质,大到宇宙,小到微粒;从狭义上讲,自然环境是指自然界中的土地、山川、河流、地形、地景、植被等自然构成的系统。构成自然环境的物质种类很多,主要有气候、地形地貌、水体、植被等要素。在建筑设计中,往往多种因素相关联,必定在建筑形态中有所反映。

2.1.3　中国传统语境下应对自然环境

　　在中国传统的自然观中,"天人合一"的思想促进了建筑与自然的相互协调与融合,从而使中国的建筑先天就有与自然环境融为一体的特质。无论是在城市选址、村落布局还是兴建筑屋上,通过对环境的处理,达到人与建筑、自然三者的和谐统一。

　　中国传统建筑受气候影响较大。北方地区气候寒冷相对干燥,为达到防寒保暖的目的,建筑物墙体一般较厚,再加上需要考虑雪荷载,建筑物的构件用料较大,建筑外观显得厚重。而南方气候炎热,雨量丰沛,首要考虑房屋的通风、遮阳、祛湿等要素,因此建筑构件用料细,墙体薄,出檐大,体量轻。最显著的体现就是各类民居建筑,因气候条件不同而形态各异。此外,不同于西方的砖石结构体系,中国传统木构建筑体系更直观地体现建筑

---

[1] Katsuhiko Ichinowatari. The Legacy of Marcel Breuer [J]. Process Architecture, 1982, 32 (1): 164.

与自然环境的联系。这种"有机"的思想体现在方方面面，如中国的园林建筑、庙宇建筑、以木坡顶吊脚楼及穿斗体系为显著特征的四合院民居等。

以下从建筑群体布局、建筑单体形态以及建筑细部三个方面结合典型实例，探讨中国传统建筑空间与自然环境之间的关系。

1．群体布局

村落布局与自然环境

中国传统村落在不同的地理、气候、社会、经济、文化等诸多因素影响下，呈现多样化的布局形态，大致可以分为带形、网络形、核心形、组团形、分散形等。

如安徽宏村的平面采用"牛"形布局，村后的雷岗山是"牛头"，村口的古树是"牛角"，村中由东而西井然有序、鳞次栉比的明清古建筑是"牛身"，村西溪水上四座桥是"牛腿"，月沼是"牛胃"，南湖是"牛肚"，水圳引西溪河入水口，经九曲十八弯（即"牛肠"）流经全村，最后注入南湖。（图2-1-1）充分发挥了其生产、生活、排水、消防和改善生态环境等功能，由于水系穿梭于整个村子，村中房屋布局又十分紧凑，宏村有着类似方格网的街巷系统，用花岗石铺地，穿过家家户户的人工水系形成独特的水街巷空间。在村落中心以半月形水塘"牛心"——月沼为中心，周边围以住宅和祠堂，内聚性很强。由水圳、月沼、南湖、水巷和民居"水园"组成的水系网络，构成了水景整体空间特色，体现了水的艺术特性（图2-1-2）。

浙江湖州南浔古镇，以南市河、东市河、西市河、宝善河构成的"十字河"为骨架，街巷、民居、公共建筑均依水而建，水、路、廊、桥连为一体，街河映波，构成一幅典型的江南水乡画卷（图2-1-3、图2-1-4）。

寺庙布局与自然环境

在宗教寺庙布局上，也秉承了传统营造的"形胜"环境观念。河北承德普陀宗乘庙演绎了因山就势，因地制宜的设计布局原则。

该庙背山面水，山门南向，建筑整体随地形地势自南而北逐渐升高。总体依地形大致可分为前部和后部。前部地势较为平缓，主要为汉式建筑，以围墙组成的矩形院落成为建筑群体的开端。随着地势的升高，后部引入视线的即是大红台。而在后部主体建筑大红台前的两侧，散落着高高低低、错落有致的白色平顶建筑物群——白台。白台建筑群布局呈无轴线、不规则、散落布局的状态，衬托了大红台建筑，并在整个疏密有致的高地跌落中，将人们的视线引向了后部，自然而然形成了高大深远的空

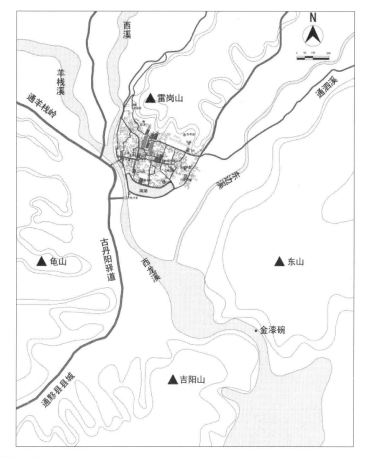

图2-1-1 宏村总平面图
（图片来源：作者根据《世界文化遗产宏村古村落空间解析》改绘）

图2-1-2 宏村与水景的关系
（图片来源：作者自摄）

图2-1-3 南浔古镇总平面图
（图片来源：作者依据高德地图改绘）

图2-1-4 南浔古镇临水檐廊
（图片来源：作者自摄）

间意向。后方大红台也利用天然丘陵，将前中后三个不同空间层次的建筑统筹为一个整体。建筑总体布局采用汉式均衡布局与藏式山地自由式布局相结合的方式，群组之间相互联系而又各有特色，体现出汉藏文化的融合碰撞和建筑组合形态与自然的完美结合（图2-1-5、图2-1-6）。

杭州四大古刹之一的净慈寺位于西湖南屏山慧日峰下，寺宇依山势绵亘起伏，殿堂层叠，宏伟庄严（图2-1-7）。

陵园布局与自然环境

在陵园建筑的布局上，我国传统的官式陵墓经历了从地下墓室到地上陵台再到因山为陵的发展阶段。历史上第一个依山凿穴为玄宫帝陵的是汉文帝的灞陵，而唐

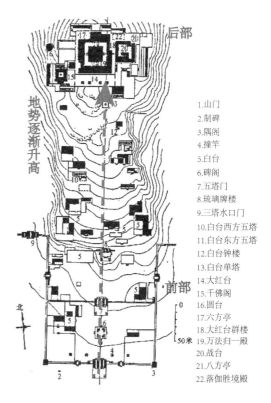

1. 山门
2. 制碑
3. 隅阁
4. 撞竿
5. 白台
6. 碑阁
7. 五塔门
8. 琉璃牌楼
9. 三塔水口门
10. 白台西方五塔
11. 白台东方五塔
12. 白台钟楼
13. 白台单塔
14. 大红台
15. 千佛阁
16. 圆台
17. 六方亭
18. 大红台群楼
19. 万法归一殿
20. 战台
21. 八方亭
22. 落伽胜境殿

图2-1-5 河北承德市普陀宗乘庙平面图
（图片来源：《中国古代建筑史》）

图2-1-6 承德普陀宗乘庙鸟瞰图
（图片来源：《中国古代建筑大系·佛教建筑》）

图2-1-7 净慈寺与南屏山
（图片来源：作者自摄）

图2-1-8　唐乾陵局部——石马图
（图片来源：《中国古代建筑大系·帝王陵寝建筑》）

代帝陵沿袭汉朝的陵与寝，又有进一步的发展，在布局上将"陵"与"寝"分开建造。目前保存最好的是唐高宗李治和女皇武则天的陵墓——乾陵，这座陵墓利用梁山的天然地形营建。梁山分为三峰，北峰最高，而南侧的两峰偏低，左右相对。陵墓总体布局仿照"城"的格局设计，陵区周围方形陵墙围绕，四个方向设有陵门，在空间组织上有着强烈的概念特征，以山的气势和自然空间的开阔烘托出陵墓建筑群的壮观气势（图2-1-8、图2-1-9）。

2．建筑形态

在建筑形态方面，民间风土建筑也受到了自然环境因素的影响。最典型的就是民间风土建筑，这类建筑的建造过程几乎没有专门的建筑师参与，它们的形成完全来源于

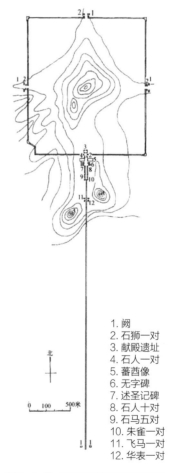

1. 阙
2. 石狮一对
3. 献殿遗址
4. 石人一对
5. 蕃酋像
6. 无字碑
7. 述圣记碑
8. 石人十对
9. 石马五对
10. 朱雀一对
11. 飞马一对
12. 华表一对

北

0　　100　　500米

图2-1-9　陕西乾县唐乾陵平面图
（图片来源：《中国古代建筑史·第二卷》）

先民的生活实践。风土建筑是依据当地的地理位置、地形条件、气候特征以及可获得的建筑材料等有限条件，本着符合自身生产、生活的需求，通过群体实践、相互学习，在一定的历史时期内逐步形成的一种居住模式，这也是最能体现与自然环境相结合的一种建筑形式。

（1）民间风土建筑形态与自然环境

我国川西地区羌族碉楼民居的建筑形态与山地特殊的地理气候环境有着紧密的联系，碉楼的外墙是厚实而高大的石墙，内部由密梁木楼板分割形成多层空间，楼板的面层用土面层，具体做法是：在木梁上先密排楞木，铺满细树枝，再铺20厘米的拍实土层。采用此种构造模式和建筑材质，与川西地区的高原气候直接相关，这里干燥、多风、多山，地质构造多为板岩或者片麻岩，易剥落加工（图2-1-10）。

窑洞作为一种独特的建筑形式，主要分布在我国的黄土高原地区，可分为开敞式靠崖窑、下沉式地坑院和砖砌的锢窑。其具体做法都是向土层方向开辟空间，原则上尽可能少地占用地面。窑洞空间的优点主要有防火隔音、冬暖夏凉，并且可以尽量少地占用农田，其缺点是空气不流通、潮湿阴暗、怕雨水等。这一民居形式非常适合空气干燥、雨量稀少的黄土高原地区（图2-1-11）。

分布于福建、广东、江西三省接壤地区以及台湾、海南等地区的土楼是客家自三国两晋以来，为了逃避北方战乱，而迁移南方的中原移民住宅形式。为适应这些地方的地理气候的特点，客家人民就地取材，土楼墙体采用"砖红性红壤"，质地黏重，并有较大的韧性，以糯米红糖为凝固剂，稍作加工就可以筑起楼墙（图2-1-12）。

图2-1-10 碉楼——茂县三龙乡合心坝羌寨
（图片来源：《中国建筑艺术全集·宅第建筑（四）——南方少数民族》）

图2-1-11 窑洞地坑院
（图片来源：《中国传统聚落与民居研究系列·窑洞民居》）

图2-1-12 田螺坑土楼群
（图片来源：《中国古建筑大系·民间住宅建筑》）

（2）近现代建筑形态与自然环境

自然环境对于建筑形态的影响在中国近现代的一些公共建筑中也有所体现。例如冯纪忠先生设计的何陋轩，坐落于上海松江的方塔园内，全园通过标高调节、空间围合与环境塑造等处理手法，使宋代九层木构的方塔成为全园组景的中心，而"何陋轩"地处方塔园的东南方，其轩草顶屋脊弯如新月，灵感来自浙江民居。但这不是民居屋脊简单的翻版照搬，而是提取其形态作为地方元素加以创新，也实现了真正意义上的文脉延续。而建筑的主体结构则就地取材，采用竹子，直观地体现了自然之美（图2-1-13 ~ 图2-1-15）。

3．建筑细部

民间工匠通过因地制宜的设计与运用，使建筑的构造细部、技术节点、用材等方面均体现了建筑与自然环境的关系。

图2-1-13 方塔园景观

（图片来源：作者自摄）

图2-1-14 何陋轩近景

（图片来源：作者自摄）

图2-1-15 何陋轩屋顶细节

（图片来源：作者自摄）

屋顶

在我国华北、西北和西藏地区，由于气候干燥少雨，建筑屋面常采用平顶，其构造做法是，在椽上铺板，垫以土坯或灰土，再拍实表面。而在我国南方等地区，由于大部分处于亚热带季风气候区，雨量充沛，因此民间风土建筑或官式建筑多采用坡顶。民间风土建筑常用茅草、泥土、石版、陶小瓦等作屋面材料，官式建筑有的用陶筒、板瓦或琉璃瓦。其中琉璃瓦的使用，则为建筑增加了防水的性能（图2-1-16、图2-1-17）。

图2-1-16　北方囤顶
（图片来源：作者自摄）

图2-1-17　建筑屋面
（图片来源：《中国古建筑大系·文人园林建筑》）

地面

铺地也是为了防潮隔湿而衍生出来的建筑构件。在原始社会，就有通过烧烤地面，使室内地面硬化的方法，以隔潮湿。重要的殿堂建筑为了防潮，先在地下砌地垄墙，墙上再放木格栅，并铺大方砖，上面再放置经过桐油浸泡、表面磨光的大型地砖（图2-1-18、图2-1-19）。

图2-1-18　明定陵地面
（图片来源：作者自摄）

图2-1-19　故宫地面
（图片来源：作者自摄）

墙体

在中国传统建筑中，墙体的做法也一直与自然环境有着密不可分的联系。例如最原始的土墙，可以就地取材，这种墙体的隔热、隔声性能好，又有一定的承载能力，但是很容易受自然腐蚀。因此有的建筑在土墙下砌砖石台基；多碱地区，也有在距地面一尺处铺芦苇的做法以隔碱。穿斗式建筑多用编条夹泥墙，这种墙体的构造形式适用于气候温暖的南方地区（图2-1-20、图2-1-21）。

图2-1-20 土坯墙
（图片来源：作者自摄）

图2-1-21 砖土混合墙
（图片来源：作者自摄）

门窗构件

中国的传统建筑中门窗占据建筑正立面大部分区域，木质门窗常采用门联窗的形式，在南方的园林中尤为常见。窗框占据门窗近半面积，能够满足室内充分的采光；同时在门窗上加以雕刻装饰，窗框采用多种形式，满足审美需求。其中的装饰题材多是植物纹和福寿纹等自然和人文意象，具体内容也与建筑所处的环境有关（图2-1-22）。

图2-1-22 门窗构件图
（图片来源：左图《中国古建筑大系·文人园林建筑》；右图 《中国古建筑大系·民间住宅建筑》）

2.1.4 西方语境下应对自然环境

西方人对"自然环境"的理解是曲折而复杂的。历史上西方建筑艺术的发展，曾经忽视人与自然环境之间的关系，受利益驱使，甚至主张一方征服一方，导致近代工业文明对大自然产生了征服性掠夺与破坏。当代建筑观念变革，在强调科学保护自然环境的同时，通过建筑艺术再现人与自然的生命和精神联系。以下从建筑群体布局与形态以及建筑细部三个方面结合典型的实例来探讨西方传统建筑设计与自然环境的关系。

1. 建筑布局与形态

古希腊建筑的艺术形式、建筑美学法则、梁柱构造方法等方面都体现了西方古典建筑的典型特点。以神庙和圣地建筑群为代表的经典建筑充分考虑地块所处的自然环境，顺应和利用各种不同的、丰富的地形，形体布局自由开放，把自然景观同建筑群紧密地联系在一起，构成活泼多变的整体建筑群格局，具有深刻的文化内涵和优秀的景观价值（图2-1-23、图2-1-24）。

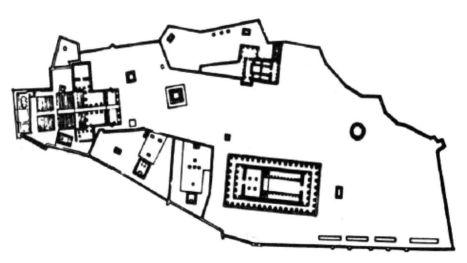

图2-1-23 雅典卫城平面图
（图片来源：《外国建筑史》）

图2-1-24　帕提农神庙
（图片来源：作者自摄）

图2-1-25　流水别墅
（图片来源：《The Iconic House》）

　　赖特提出"有机建筑"理论，重视建筑所处场地中的自然环境要素，尤其强调对基地特征和天然材料的巧妙运用。他设计的罗比住宅，考虑周边相对平缓的地形，采用低矮的比例、舒展宽阔的挑檐、平缓的坡顶、低伏的平台等处理手法，形成水平伸展的造型，与周边环境和谐地融合在一起；此外，著名的流水别墅从材质、造型、色彩、布局等多个方面切入周边丰富的地形、灵动的流水、茂密的树林所构成的自然环境中，达到"建筑好像从环境中长出来一样"的效果（图2-1-25、图2-1-26）。

图2-1-26 罗比住宅

（图片来源：《Frank Lloyd Wright: American Master》）

2．建筑细部

不仅仅是建筑布局和整体形态，西方一些典型建筑的细部处理也与自然环境紧密结合，更深刻地体现了建筑的特色与艺术价值。为了与周边自然环境和谐相处，建筑物风格力求明快、开敞，往往采用典型的柱式，以这些细部构件为基本单元，形成舒朗开放的整体建筑格局。典型代表如公元前6世纪建成的以弗索的阿丹密斯庙，公元前5世纪雅典卫城的山门、伊瑞克提翁神庙，以及雅典卫城的核心建筑帕提农神庙；公元前4～3世纪的麦迦洛波里斯露天剧场及会堂；公元前2世纪的帕迦玛的宙斯祭坛，以及建在城市中的无数敞廊、住宅街坊等。这些建筑的列柱构件可以为多立克柱式、爱奥尼克柱式和科林斯柱式，以不同的柱式形成开敞、明快的整体建筑风格（图2-1-27）。

古罗马建筑室内空间和外界自然是基本分隔的，如古罗马神庙在墙体开设小洞，当时的住宅也比较封闭，有的留有窄缝，有的则完全封闭。

到了文艺复兴时期，建筑设计恢复了古希腊建筑所倡导的人的尺度，建筑中各部位的比例关系也参考人体的比例，古希腊柱式被重新运用到建筑当中。

18世纪中叶至19世纪初，建筑在寻求科学的道路上有了很大的进步。新的建筑材料、新的结构、新设备、新的施工技术相继出现。1786年巴黎法兰西剧院曾首先用铁作为屋顶结构，而后又用生铁作梁、柱构件。此外为了采光的需要，又广泛地采用玻璃，于是涌现出以铁与玻璃为主要材料的新型建

图2-1-27　西方古典柱式
（图片来源：《欧洲古典建筑元素·从古罗马宫殿到现代民居》）

图2-1-28　万神庙室内
（图片来源：作者自摄）

筑。室内外空间因为玻璃这一新型材质的运用，达到了与古典建筑时期不同的融合效果。1829～1831年巴黎旧王宫的奥尔良廊顶盖，是最先采用玻璃与铁两种建材配合的建筑物。1851年伦敦水晶宫，也是完全由玻璃、铁架与木材三种材料预制装配而成的（图2-1-28）。

外部环境一方面会对建筑设计产生非常严格、苛刻的限制，从另一角度看，也能够提供很大的创意发挥空间。勒·柯布西耶设计的朗香教堂就是一个典型的例子，它采用与众不同的屋顶造型和开窗方式。但这个形态特殊的建筑与其所处的自然环境十分协调，从整体造型到细部处理都是建筑对周边环境的良好回应：首先，基于对干旱地区炎热气候条件的考虑，以当地建筑特点——平顶、厚墙、小窗洞为参考，形成建筑整体造型；其次，同样为了应对炎热、潮湿的环境特点，在内部处理方面，为了获得更好的通风效果，内部空间尽可能开敞，通廊富于变化；最后，出挑的大屋檐不仅是该建筑典型的形象特征，而且可以作为有效的遮阳设施，这一建筑从整体到细部，共同构筑了形态丰富却适宜于自然环境条件的建筑形象（图2-1-29）。

伦佐·皮亚诺设计的芝柏文化中心也充分考虑、利用了当地气候，其形态造型与空间功能都体现了建筑与地域环境的紧密联系。文化中心位于法国新卡里多尼亚的首府城市努米亚的一个半岛上，南临太平洋。建筑师充分考虑了周边环境，以10个造型奇特、大小不一的抽象棚屋构成建筑整体，这些棚屋的形态由当地传统建筑抽象而来，被称作"容器"，依据地形轴线"一"

图2-1-29　朗香教堂

（图片来源：Dani è le Pauly. Le Corbusier La Chapelle de Ronchamp[M]. Paris: Birkhäuser, 2008: 12–13.）

字排开。为了应对岛屿地区炎热的气候，同时利用当地良好的风环境，建筑采用了被动的制冷系统，通过人工试验模拟，让每一个单独的"容器"的开放性外壳都能够接受到来自海上的自然风，气流通过天窗的开合进行机械控制，从而改善室内的风环境（图2-1-30）。

从以上的分析梳理可以看出，古今中外这些经典的建筑群和建筑单体，都体现了建筑空间与自然环境的紧密联系，民间工匠和建筑师在营造和设计的过程中，充分考虑了建筑所处的自然环境特点，并且以此为切入点，以不同的设计方法和营造技艺，形成建筑与自然环境的完美融合，体现了各个建筑的艺术价值和创造力。

图2-1-30　芝柏文化中心

（图片来源：网络）

2.2 人工环境要素特征

2.2.1 概念与特征

人们对于广泛意义上人工环境的理解，通常是指因为人类生产生活的影响而日趋形成的环境要素。人工环境的产生是人类改造自然环境使其更适宜自己本身生理生活需求的一种实践活动的结果。一般包括人为活动造就的具象物质产品和抽象的精神产品，以及人们日常活动中形成的彼此之间的一种内在联系等，这种关系通常也被称为社会环境。它的完善伴随着社会生产力的变革，这种变革导致人工环境愈来愈能满足人们的各种物质精神需求。因此可以看出，社会生产力的发展引起人类生存方式的不断变化，进而导致了人工环境的改变。而从狭义层面视角来看，人工环境是人类根据日常行为活动的需求主观创造的环境空间，比如用于日常生活的建构筑物、景观绿地、道路广场等。

建筑的人工环境可以看作是人为地对原有环境进行改造与营建，用来适于人们进行各项社会活动，满足日常生活各种需要的新环境。这种新环境以人为中心，又与自然、社会等因素复合形成环境系统，人工环境的特点是具有时代性、地域性和可持续性。

人工环境要素与每个时期的建筑设计都有密不可分的关系，下面就从城市格局（包括轴线要素，天际线要素）、道路交通、基地形态来逐一说明。

2.2.2 人工环境要素的分类

建筑外部的人工环境与我们平时的日常工作生活密切相关，可以分为宏观层面的城市环境、微观层面的地段环境以及介于两者之间的中观层面的街区环境。本书这一小节所要讲述的是人工环境的构成要素，根据构成种类大致可分为城市（街区）轴线、城市（街区）天际线，道路交通和基地形态等要素。

1. 城市（街区）轴线

《中国大百科全书》中对城市轴线的定义是：组织城市空间的重要手段。通过轴线可以把城市空间布局组成一个有秩序的整体。《建筑大辞典》中对于轴线有如下解释："轴线与中心相并列，是最基本的形态秩序之一。"轴线适用于各种各样的建筑空间、建筑群体组合以及城市形态：如巴西利卡式的教堂，其空间被轴线效果所统一，形成了建筑整体的方向感；故宫建筑群的轴线，统领着皇家宫苑气魄宏伟、规划严整的整体格局；丹下健三所做的东京规划，利用道路所形成的轴线交通系统，把城市、交通和建筑统辖为紧密结合的城市空间整体形态，很好地回应了现代社会高速交通尺度发展下的城市空间尺度变革。

城市（街区）轴线是城市空间格局在水平面域中的一种直观的视觉形态表达。虽然轴线以水平空间中的线性布局形态为表达方式，但是轴线在城市、街区中的存在形式与城市的整体形象有着紧密的联系，从城市（街区）轴线的形态特征中，可以准确地捕捉这个城市的发展轨迹。

轴线与建筑设计的关系

近代之前，中西方古代城市规划构想中都隐含着严谨、庄重的轴线痕迹，但是中西方的城市格局中的轴线是有所区别的，所以在应对轴线的建筑处理上也是有所不同的。

对于传统的中国城市来说，以轴线为基准而逐步展开的整体格局，是群体建筑空间组合最典型的处理方式。轴线上的空间按照序列排布，由一组组院落空间构成，其中轴线既是建筑空间居中布置的线性基准参照，又是引领、组织空间组合的一种方式，建筑群的院落整体形态基本上以轴线为引领。明清时期北京的紫禁城，严格按照中轴对称的原则设计。其中主要的宫殿建筑全都布置在南北主轴线上，每个大殿的建筑主体空间都被这条城市轴线贯穿而过；在轴线东西两侧，以轴线为基准，对称布置了东西六宫、武英文华两殿等建筑单体。在天安门广场及四周建筑的规划设计过程中，延续了这一轴线的统领作用，建筑群仍旧以轴线为中心呈中轴对称布局，很好地呼应了紫禁城的人工轴线。

毛主席纪念堂位于紫禁城轴线上，其建筑设计也考虑了轴线因素。纪念堂的平面为方形，以轴线为中心，中轴对称。广场两侧的建筑同样充分考虑了紫禁城轴线的统领地位，位于广场西侧的人民大会堂和广场东侧的中国国家博物馆在建筑的外部形态、细部装饰、内部空间等方面都针对这条轴线进行了相应的处理。首先从外部形态上来看，两个建筑的平面都采用了南北向较长，东西向较短的矩形，建筑的尺度也基本类似，其两个形态近似的矩形对称地分布在轴线两侧；从细部装饰上来看，人民大会堂和国家博物馆在朝向天安门的广场的入口空间都采用了西方的廊柱形式，形成室内外空间的过渡，虚化了与广场之间的边界；最后从内部空间来看，这两个建筑的内部空间也是呈中轴对称的布局，它们各自的轴线相互重合，与紫禁城的平面轴线呈垂直相交关系。从这三个方面的设计来分析，都很好地处理了与紫禁城轴线的关系（图2-2-1）。

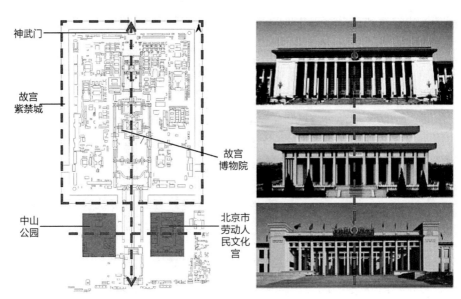

图2-2-1 故宫南侧建筑群与紫禁城轴线关系
（图片来源：作者自绘）

　　西方城市中，轴线这一要素也体现在城市规划和建筑的方方面面。18世纪末，法国建筑师朗方主持规划美国华盛顿中心区，采用了网格形与放射形相叠加的轴线结构，形成了充满张力的整体构图。整个中心城区的规划东西长南北短，东西长轴两侧设置了一系列公共建筑，其中国会大厦坐落在主轴线东端的金斯山高地，与西侧的林肯纪念堂形成对景关系；南北短轴的两端则分别是杰弗逊纪念亭与白宫，华盛顿纪念碑则耸立在两条轴线汇聚的交点，对这组正交轴线进行了定位与分隔。国会大厦位于轴线东端，在建筑形态设计上采用了中轴对称的形式，以建筑中部的半球体穹顶统领建筑整体造型，成为建筑外观中最引人注目的焦点（图2-2-2、图2-2-3）。

　　当代，建筑设计应对城市轴线的做法更加多样。比如巴黎的拉德方斯新区的新凯旋门设计，就顺应了巴黎的古老城市轴线。20世纪50年代，巴黎市政府为了应对人口增长和城市发展的需要，计划在城市周边建立新的商务中心区，这一城市副中心延续了从卢浮宫到凯旋门长达4.8公里的历史轴线。新凯旋门位于这一轴线的延伸线上，该建筑的设计充分考虑了城市轴线的特点，其外部形态为中部掏空的方形体量，以轴线为中心对称布局，从远处俯瞰巴黎城区，仿佛古老的城市轴线从新建筑中穿梭而过，预示着城市进一步向未来发展……建筑师通过消减建筑形体，达到轴线延续，使得这个建筑成为新时代巴黎轴线上的标志（图2-2-4、图2-2-5）。

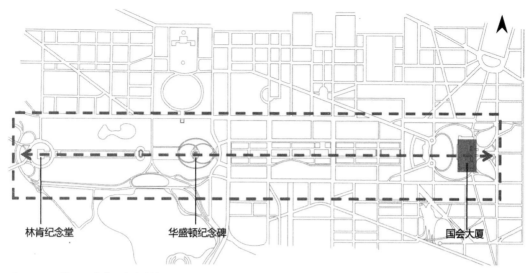

图2-2-2 美国国会大厦与规划东西轴线关系
（图片来源：作者改绘）

林肯纪念堂   华盛顿纪念碑   国会大厦

图2-2-3 国会大厦建筑形体轴线对称
（图片来源：作者改绘）

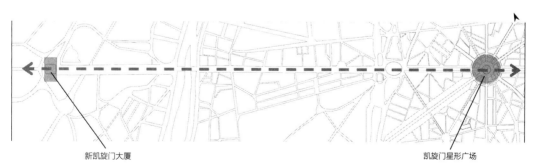

新凯旋门大厦   凯旋门星形广场

图2-2-4 新凯旋门与巴黎城市轴线关系
（图片来源：作者自绘）

图2-2-5 新凯旋门与巴黎城市轴线关系
（图片来源：作者自绘）

2. 城市（街区）天际线

随着城市生产力的变革与发展，建筑物越来越高，摩天大楼开始出现在城市之中，这些高耸入云的建筑物使城市形态更为丰富，之前描绘城市空间的"地平线"需要新的词汇进行更新替代，在西方的日常用语中出现了"skyline"一词，即"天际线"。城市天际线主要指由城市的人工建筑轮廓所构成的线条，由于现代城市空间极为丰富，建筑高度和形态多样，天际线往往会呈现高低错落的线条形态。

城市天际线可以从竖直面域中直观地展现城市形象和城市空间格局，向人们展示一座城市在高空与天空交互渗透的城市景观风貌，天际线在现代城市规划和建筑设计中具有重要的指导和借鉴意义。通过城市（街区）天际线，可以直观地表达城市或者街区的相关信息，甚至可以从侧面表现出一座城市的城市精神和经济社会发展状况，它是城市景观风貌的重要组成部分，有特色的天际线形态往往成为一座城市的独特象征。

天际线与建筑设计的关系

虽然"天际线"一词出现较晚，但是古代时期的城市规划设计也会考虑到天际线的基本特征，并且在建筑设计中对天际线要素做出相对应的处理。

在中国的古代都城中，早期的城市天际线低矮平缓，整体呈现出均质化的外在视觉形象。由于都城规划以轴线为中心对称布局，建筑的整体形态以及在竖直空间中给人的视觉感受也呈现中轴对称的形态特点。比如在唐长安的都城规划中，由于封建等级制度的要求，各种不同类型的建筑高度、屋顶形式乃至屋顶颜色都有着明确的、严格规定。这种制度虽束缚了城市和建筑的个性表达，但却形成了统一、和谐的城市整体风格。在这样的背景下，古代城市的天际线形态大多以宫殿、官邸等建筑为制高点，而体现皇家威严的宫殿建筑更是在天际线上成为最突出、最庄严的形态表达，显示出这一建筑类型的重要地位。

在西方传统的城镇之中，城堡、宫殿、教堂、塔楼往往是城市天际线中的重要元素，比如佛罗伦萨城中的维奇奥宫与佛罗伦萨主教堂这两组建筑共同构成了佛罗伦萨城市天际线景观中的突出元素。其中最夺目的是带有巨大穹顶的佛罗伦萨主教堂，它位于城市空间中最重要的位置，其庞大的体量和高耸的巨大穹顶控制和构成了天际线的视觉中心。教堂和维奇奥宫高高地耸立在城市之中，使天际线以教堂和宫殿等建筑为核心，总体呈现上升态势，充分体现了该时期此类建筑及其背后所体现的神权统治在城市中的重要地位。这一西方城市天际线的整体形态凹凸，自由跳跃，与前文所述东方城市以宫殿建筑为核心的严整、对称的天际线形态，形成了鲜明对比（图2-2-6）。

图2-2-6　佛罗伦萨城市天际线
（图片来源：作者改绘）

近现代时期出现的摩天大楼给城市天际线注入了新的活力。位于芝加哥的希尔斯大厦，其顶部的两根巨型天线直冲天际，深褐色的铝质外墙和青铜色的玻璃幕墙交相辉映。大楼整体形态从低到高形成逐级收分的节奏感和韵律感，造型变化丰富，视觉效果震撼。逐级拔高的竖向形态，成为城市天际线中最夺目的焦点（图2-2-7）。

3.道路交通

道路是日常生活中最常见的人工构筑物，构成了城市中最基本的线性空间，它一方面承担着交通运输的任务，另一方面又为居民提供了日常的线形公共活动场所，成为城市中各项社会活动与经济活动的纽带和动脉。

希尔斯大厦

图2-2-7　芝加哥海滩天际线及希尔斯大厦
（图片来源：作者改绘）

从道路与地平线的关系来看，城市中的道路可以划分为不同的种类，其中架起于地平面之上的是高架桥，与地平面基本重合的是最常见的城市道路，此外还有建于地平面之下的隧道。根据道路在城市中的地位、交通功能以及服务功能，城市道路可以分为快速路、主干路、次干路以及支路。各种类型的道路所构成的人工环境，都会对拟建建筑产生一定的影响，在设计的过程中必须充分考虑各种道路的基本特征，进行相应的建筑设计。比如街区或者场地中的道路形态通常会对建筑的形态和布局产生影响，建筑设计实践中也应考虑到道路交通噪声的影响，人流和车流的影响等因素，同时应充分考虑建筑沿街立面的形体特征，合理设计建筑与道路共同构成的城市空间形式和空间秩序。

城市交通与建筑设计的关系

1933年，被称为现代城市规划大纲的《雅典宪章》对城市中普遍存在的问题进行了全面的分析，提出了城市规划应当处理好居住、工作、游憩和交通的功能关系，"交通"作为城市的主要功能被第一次正式定义，认为"需要一个新的街道系统以适应现代交通工具的需要""各种街道应根据不同的功能分成交通要道、住宅区街道、商业区街道、工业区街道，等等"。[①]

现代城市交通的发展要求建筑师应关注城市交通运输问题和人在建筑中的行为活动，并因此推动建筑设计向新的方向发展：城市交通空间以多种方式渗透进入建筑内部，在不同的高度内（地下、地面、地上）连接建筑空间，构筑更丰富便利的城市内部网络，避免在室内外往复转移，受到日晒雨淋等恶劣天气的影响，提供了丰富多样的室内城市空间；而立体分流设计可以在城市层面的不同高度上实现人车分流，在保持车流顺畅的情况下，创造一个更加

---

① 柯布西耶. 雅典宪章［M］. 施植明译. 北京：田园城市文化事业有限公司，1996：55-67.

安全舒适的人居环境；多种交通设施附加整合，使市民可以在一个综合体内自行选择地铁、高铁、公共汽车等多样的公共服务设施，便捷地安排出行。

当代建筑正朝着复合化、多元化、集合化的方向发展，城市中出现了越来越多的建筑综合体，在建筑设计的过程中，应充分考虑此类建筑在城市空间中需承担的交通组织功能，使其与周边道路环境产生联系，成为城市中的重要交通枢纽。

由程泰宁院士规划设计的杭州西站设计方案，体现了"站城融合"的概念，高铁站不仅承担着交通疏散的功能，也成为城市空间的重要组成部分，通过规划整合，把高铁、地铁、公交、自驾等多种交通模式聚合，同时有效地将办公、酒店、商业、会展等城市功能纳入其中，成为一座聚合城市各项功能的庞大城市综合体，将高铁站融于城市环境之中，建设城站高度融合的超级TOD。城市交通空间通过巧妙的处理，整合进入建筑内部，不仅改善了交通环境，而且大大提高了城市空间利用率，促进了城市、建筑、交通整体协调发展（图2-2-8）。

图2-2-8　杭州西站规划效果图
（图片来源：杭州中联筑境建筑设计有限公司官方网站）

图2-2-9　大阪难波城室外走廊　　　　　　图2-2-10　大阪难波城屋顶花园
（图片来源：作者自摄）　　　　　　　　　（图片来源：网络）

　　位于日本大阪的难波城与难波火车站相邻，其周边还有热闹的商业街区道顿堀，在这个人口、道路十分密集的复杂城市地块中，建筑师综合考虑了环境特点，将写字楼、高速铁路、火车站、购物中心、空中花园等空间环境紧密地结合在一起，为密集喧嚣的城市中心提供了一块具有交通、商业、休闲等多功能的舒缓空间[①]（图2-2-9～图2-2-11）。

　　大阪梅田商圈同样是综合利用各类交通设施，整合城市功能，集中体现TOD发展模式的典型实例。该项目是日本关西地区最大体量的TOD商圈，内部包含了JR大阪站、阪急梅田站等七个轨道交通站点和阪神百货、希尔顿广场、GFO综合体等数十个购物中心，通过交通系统连接办公、商业和文化设施等功能区域，所有功能区域都处于车站步行可达的范围内。其中GFO（Grand Front Osaka）综合体于大阪站北口，由梅北广场、景观大道、创造之路等几部分构成，以丰富的连廊、绿色水景，将办公、酒店和住宅塔楼联系起来，构建了一个功能多样的城市复合空间。梅北广场由建筑师安藤忠雄以"水"为主题设计，透过与自然光影的互动和层次丰富的水景设计，营造了亲切宜人，极具地域特色的公共活动空间（图2-2-12～图2-2-14）。

---

① 林燕. 浅析香港建筑综合体与城市交通空间的整合［J］. 建筑学报，2007（06）：26-29.

图2-2-11 大阪难波城室内可选择多样的公共交通设施
（图片来源：作者自摄）

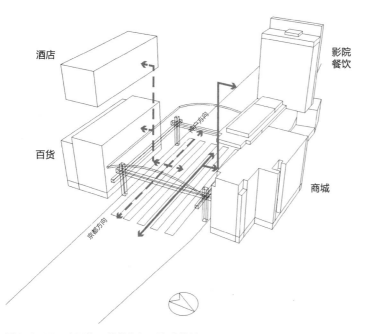

图2-2-12 大阪梅田站站台与周边建筑关系
（图片来源：作者自绘）

图2-2-13　大阪梅田站梅北广场及地下空间
（图片来源：作者自摄）

图2-2-14　大阪梅田站北侧入口台阶
（图片来源：作者自摄）

4．基地形态

建筑位于一定的场地空间范围内，其设计应充分考虑场地特点，与场地形态相适应。建筑本体及其所属场地之间具有紧密的内在关联性，二者共同形成了该区域的城市空间。建筑基地是城市、街区的特定组成部分，作为城市中已有的建成环境，具有一定的基地特征，包括基地自身特征，周边人工环境条件特征等。在建筑设计的过程中，应充分考虑基地的各项特征，体现建筑与周边环境的联系，使建筑成为基地中承载特性化功能、空间的良好物质实体。

基地形态与建筑设计的关系

从基地与建筑的关系来看，基地环境特征一定会对建筑带来一定的限制和约束，而建筑以及与建筑相关的活动也必然对环境产生一定的作用。一方面，不同的基地功能、形态必然会对建筑的类型和布局产生限定作用，它要求建筑在一定的空间氛围和轮廓约束下，满足城市功能和外部环境要求；另一方面，优秀的建筑作品会通过自身的形态布局、造型处理等特点，对原有基地环境的整体格局、空间肌理等方面的发展和完善起到积极的作用，强化外部环境的空间秩序和形态特征，促进该地块城市空间的良性发展。

建筑师贝聿铭设计的华盛顿国家美术馆东馆，巧妙地利用外部环境的各种限定因素，通过精心的处理，使建筑形态与基地形态取得呼应。建筑所处的基地形态是不规则的四边形，沿着由老美术馆引出的一条向东放射的轴线，建筑师通过一条对角线，将整个建筑体块分为一个等腰三角形和一个直角三角形，既保证了建筑本身的整体性，也使建筑整体轮廓与基地形态相呼应。不仅使新建的美术馆与老馆取得了空间上的联系，而且也与华盛顿的东西轴线相呼应，新建筑的秩序也被纳入这片由轴线影响的区域秩序中（图2-2-15、图2-2-16）。

图2-2-15 东馆体块分析图
（图片来源：作者改绘）

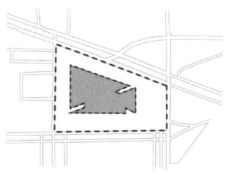

图2-2-16 东馆平面分析图
（图片来源：作者改绘）

2.3　人文环境要素特征

2.3.1　概念与特征

除了前文描述的自然环境和人工环境，建筑环境还包括精神层面的内容，也就是人文环境。人文环境是指具有历史文化烙印、渗透人文精神的生活环境。每个城市都具有一定的区别于其他城市的精神和特质，而这一精神和特质，往往由城市的文化、历史等多方面因素共同构成。

建筑不仅构筑了城市空间，也是人文环境要素的载体，优秀的建筑作品能够深刻地反映当地的历史文化特征。1990年6月2日，国际建筑师协会第十七次大会发表了《蒙特利尔宣言》提出"建筑是人文的表现，它反映了一个社会的形象。"①建筑活动不仅仅是一项物质生产活动，还是人类文化活动的重要内容。因此，在建筑设计的过程中，要充分考虑所处地区的人文环境特征，使建筑作品体现地域特色，保留、延续、提升该地块的人文环境价值。

2.3.2　人文环境要素分类

古今中外的很多经典建筑，都体现了设计者对于建筑所处人文环境的尊重，人文环境是一个较广泛的范畴，通过分析典型实例，本书把影响建筑设计的人文环境要素分为传统符号、审美习俗和行为方式等要素。

1. 传统符号

在建筑设计中通过提炼地域历史文化信息，展现传统文化符号，已成为比较常见的设计手法，该手法可以凸显建筑文化所展现的美学特征。不同国家、地区的传统符号通过各个建筑展示出来，能够充分体现各国传统文化特色，使建筑成为展示不同地域文化的载体。

在具体的设计过程中，符号传承可以是某一种建筑造型、线条形态和细部做法，将传统建筑形式中一些典型特征用现代方式进行解读，并重新构成，以新的形式进行展现；或者将传统建筑中的某些意象符号提取出来，在新的设计中进行重新的演绎。简单来讲就是对传统文化进行抽象、提炼并加以有效运用。

---

① 赵鑫珊. 建筑是首哲理诗——对世界建筑艺术的哲学思考［M］. 天津：百花文艺出版社，2013：58.

如何在建筑设计中延续、体现中国传统文化，这个问题一直到今天都是建筑界关注的热门话题。20世纪30年代，吕彦直先生将中国的传统建筑元素与西方现代建筑技术进行了完美的融合，他在设计中提取了中国特有的建筑式样及艺术设计手法，来展现中国的设计内涵和文化精髓，中山陵的陵门、台阶、陵堂、碑亭、屋面、斗栱、牌匾、梁柱等传统构件均延续了传统样式，但是在具体的营造过程中，借鉴和运用西方的建筑原理及技术，对中国传统的建筑式样进行重新表达，将先进的建筑技术和理念融入传统的中国建筑风格中，建筑整体庄严肃穆、别具一格（图2-3-1、图2-3-2）。

程泰宁设计的南京博物院新馆位于民国时期由徐敬直、梁思成、刘敦桢、杨廷宝等多位大师参与设计的原建筑主展馆西侧。为了尊重历史环境，延续地段文脉，建筑师选用了铜和接近宣纸色彩的石材，从竹简、青铜器、花窗格中抽象、提取细部符号，新的建筑语言既体现了时代感，又构建了与原建筑主展馆相同的气质（图2-3-3、图2-3-4）。

图2-3-1　南京中山陵
（图片来源：作者自摄）

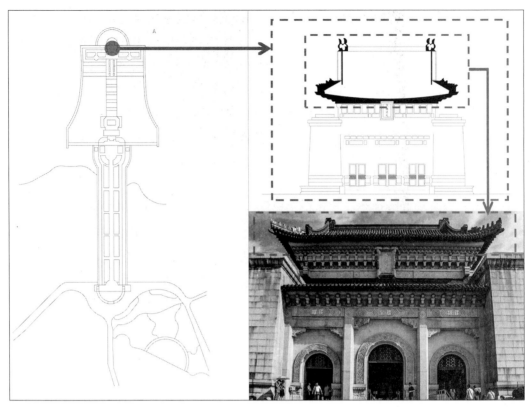

图2-3-2 南京中山陵平面及细部处理分析
（图片来源：作者改绘）

图2-3-3 南京博物院新馆与原馆
（图片来源：杭州中联筑境建筑设计有限公司官方网站）

图2-3-4 南京博物院新馆入口细部符号

（图片来源：作者自摄）

2．审美习俗

建筑的审美习俗是按照美的规律，运用独特的艺术语言和美学观念，使建筑形象与建筑艺术的审美和观念、应用及文化性结合起来，体现建筑艺术的文化价值、审美价值以及民族性和时代感。

建筑是一种静态的、富有表现力的、综合性的艺术形式，建筑的审美特征主要体现在艺术性、技术性、功能性等方面，主要通过视觉给人带来美的感受。由于不同国家、地区具有各具特色的文化和历史背景，因此形成了不同的审美习俗，在不同审美习俗影响之下的建筑设计和营造活动，使各地区的建筑风格呈现截然不同的特征。这种多样性和丰富性是人类文明的重要体现，各具特色的建筑风格更是民族性、区域性等文化特色的直观反映。

建筑审美习俗和地域性民俗文化紧密相关，不同国家地域，不同历史阶段的风土人情、文化传承、思想观念各不相同，各地各时代的建筑审美习俗也各具特色。在建筑设计过程中考虑审美习俗，在建筑作品中体现人们在各自的社会历史环境下对美的特殊追求，就会建立建筑与人文环境的紧密联系。

中国人崇尚"天人合一"，倾向于自然美，注重"意境"的表达。如中国江南私家园林追求自由布局，各类空间顺应地形而参差错落，"虽由人作，宛自天开"，共同营造与自然相融的空间意境。而西方人的审美更崇尚的是一种人工美、形式美，如法国古典主义园林，布局对称、规则、严谨，呈现出一种几何图案的规则感和强烈的节奏韵律感，更符合西方文化的主观审美，体现出对于形式美的追求。

　　贝聿铭为家乡设计的苏州博物馆处于苏州老城区的历史地段中，其东侧是忠王府，周边还有一些传统民居。该建筑设计充分考虑了周边人文环境特征，借鉴了忠王府、苏州民居的建筑形式，构成建筑立面基本形态的三角形就是从苏州传统屋顶提取而来，通过现代材质、现代构成方式，将传统建筑符号与新的建筑理念相结合，整体形态错落有致，山、水、池、石融为一体。博物馆的墙体以白色为主基调，在空间转折处以灰色线条勾勒出精致的外形，配以深灰色石材屋面，延续了粉墙黛瓦的江南传统建筑意境。特别是雨后，灰色线条渐渐演变为深邃的黑色，描绘着烟雨蒙蒙的江南水墨画卷。建筑师通过几何体块、材质、符号、色彩等元素的巧妙运用，展现出江南地区内敛、秀美、典雅的审美习俗，达到建筑与周边人文环境的融合统一（图2-3-5）。

图2-3-5　苏州博物馆
（图片来源：作者自摄）

3．行为方式

受社会地理、历史、文化等不同因素的影响，建筑的布局体现出各具特色的模式，是该地该时期人们行为方式的直接表达。

由于人们生活方式及行为活动的不同，为满足人们的使用要求，建筑的布局和建筑环境的空间必然具有不同的层次和特性。

如开平近代的三间两廊民居，采用以厅堂为中心的对称式布局。厅堂是最重要的功能空间，人们在厅堂内接待宾客、举行婚丧大礼、从事手工业操作、祭祀祖先……厅堂后部供奉着祖先神位。厅堂的前部设有农业生产工具，如米桩、谷磨，满足室内的手工业操作需要，体现了当地传统的生产生活方式。厅堂位于中轴线上，是各功能空间的联系纽带，不仅在位置上处于民居的中心地位，而且以其高大的体量和严肃的空间氛围，体现家庭伦理秩序，是民居内最重要的礼仪性公共空间和神圣精神空间。这一建筑布局形式就是当地居民基本生活方式和行为活动的最直接反映（图2-3-6、图2-3-7）。

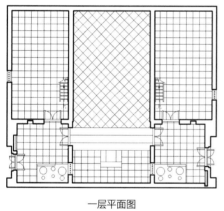

一层平面图　　　　　　　　　　二层平面图

图2-3-6　广东开平近代民居平面图
（图片来源：作者自绘）

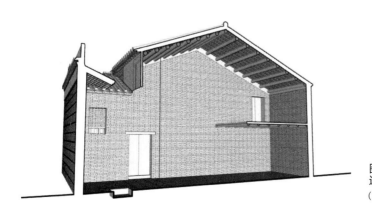

图2-3-7　广东开平
近代民居剖面透视图
（图片来源：作者自绘）

图2-3-8　水井坊博物馆内的老作坊

（图片来源：家琨建筑事务所官方网站）

在建筑设计的过程中，充分考虑所在地区的基本行为方式，可以还原该地区的基本建筑布局特点，建立建筑与人文历史环境之间的紧密联系。

刘家琨设计的成都水井坊博物馆位于元代酒窖遗址，新建筑环绕古作坊，以"缝补"的手法融入原有街区环境，延续了街道尺度和空间特质，特别是保留了传统的酿酒工作环境——木构架老厂房，工人们以传统的工作程序在内部劳作，而且这是有工作任务和生产指标的真正劳作，而不是形式主义的简单表演。这样，传统的行为方式及其相关空间组织被纳入了新建筑内部，达到了新旧空间的融洽对话。与传统材料近似的再生砖、复合竹、瓦板岩、混凝土等材质的综合使用和颇具匠心的构造做法，低调、内敛地展示着当地传统民居元素的当代语言。整个建筑谦和地融入环境，以内在、真实、纯粹的方式淋漓尽致地演绎着传统的行为方式和精神内核（图2-3-8、图2-3-9）。

图2-3-9　水井坊博物馆鸟瞰

（图片来源：作者自摄）

3

建筑外部环境相关
设计原则

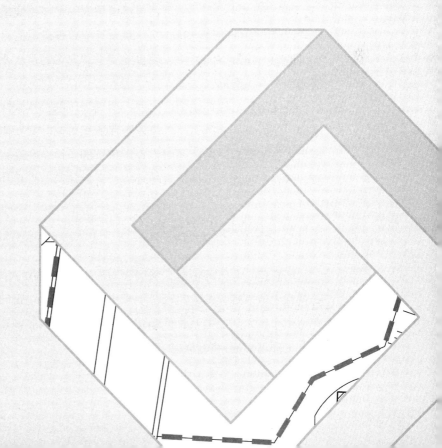

建筑与外部环境之间存在着密切的联系，是一个可持续性发展的动态有机整体。外部环境要素是影响建筑设计的主要因素之一，建筑师在建筑设计实践中，都会受到外部环境要素的影响与限制，也需要在设计过程中分析、解读不同的外部环境特征，使建筑与环境产生积极的对话，同时使建筑设计的过程成为一个"由内到外"、"由外到内"两条脉络相互影响、共同协作运转的过程。

在建筑设计的过程中，与外部环境要素相关的设计原则是"以人为本"，即在满足建筑的功能性、实用性、经济性的基础上，体现文化性、艺术性以及生态性，为使用者提供一个健康、安全、舒适、实用、美观的空间场所。本章从整体性、协调性、创造性三个层面探讨建筑设计与外部环境要素相关的设计原则。

3.1 整体性

3.1.1 建筑与自然环境

建筑设计要从人、建筑、自然所构成的整体环境出发，设计建造人与自然可持续发展的建筑空间。在建筑设计中尊重既存的自然要素，将自然要素有机地融入建筑空间之中，使自然要素和人工的建筑相辅相成，自然和建筑组成一个有机整体。

设计需从整体环境角度出发，明确场所的自然属性，立足于地方特定的地理、气候条件，既要与整体周边环境相协调，又要体现建筑的艺术性和表现力，在强调整体性的同时也表现建筑的个性。在这一原则的指导下，建筑设计需要积极地回应周边自然环境，形成建筑与自然环境的互动。

3.1.2 建筑与人工环境

当新建筑介入环境时，势必会对原有的整体秩序产生一定的影响，在设计过程中应从现存的人工环境要素中寻找介入新建筑的合理契机，研究外部环境中个体之间的关系，使新建筑顺应原有环境的整体结构，使新建筑与原有人工环境形成一种整体的有机联系。

作为一种新加入的人工构筑物，新建建筑与周围的人工构筑环境应该呈现出一体化的特征，遵循整体性的原则。整体性是新建筑与其所处的原有人工环境空间中最根本、最重要的原则，是城市空间格局秩序化、一体化的体现。在这里，整体并不是各构成空间简单、机械、重复的叠加，而是通过一定内在的秩序，使"部分"构成"整体"。

3.1.3 建筑与人文环境

城市是人类社会文明与智慧的结晶，在时间的不断积淀中发展、形成自身的历史文化，在空间的不断延续中建立、形成特殊的城市风貌。建筑是联系城市各个类型空间的媒介，建筑不应该是孤立的，而应被视为构成城市空间体系的重要组成部分。建筑与外部环境要素的整体性设计原则不仅体现在建筑的单体与群体、群体与空间等关联要素的统一，也应体现在历史文化的延续性表达，应将带地区原有的人文价值和精神要素赋予新建筑之中。这就要求在建筑设计过程中，需要深刻认识地域社会文化、审美方式、价值观念，针对具体的设计对象进行内在精神的深层次表达，而不是某些元素的直接模仿和简单复制。

建筑师都应该充分尊重所处地域的历史文化，尊重城市文脉特征，正确处理个体与整体环境的关系，不刻意突出自己，展现人文情怀，与人文环境协调，形成一个具有整体性的积极城市空间。

3.2 协调性

3.2.1 建筑与自然环境

协调性常被人们视作建筑设计和景观营造的一种目标和指导原则。协调性体现了一种特殊的"可塑性"。

建筑师在创作过程中，应该对人类美好的生存环境多作思考，对自然环境要素进行深入的分析与利用，将自然环境中的山、水、园、林与建筑融为一体，将建筑与周围环境协调考虑，最终实现建筑与其所处自然环境的和谐统一。

伴随着当代建筑技术的发展、思想观念的进步以及环境的多样性变化，原有的环境秩序必将改变，建立新的与环境相处模式势在必行。建筑设计在布局与设计过程中应采用主动的方式使建筑语言与自然环境产生互动，可以在局部环境形成对比，但整体大环境层面取得更高层次的协调统一，最终使建筑设计应充分展现自然的特征和潜在的美学价值。

3.2.2 建筑与人工环境

从建筑与人工环境要素相关的角度而言，协调性是指新建筑的设计采用与原有人工环境相同或相近的设计要素，并相互产生逻辑关系。对基本要素进行重复叠加的设计方法，很可能造成单调、乏味的城市空间，这时需要一种新的要素加入，会对周边环境带来一定的变化，通过捕捉产生变化的规律，来协调建筑与人工环境要素的关系。

新建筑与周围环境相比，允许一定程度上与环境产生对立，但这种对立变化应融合在整体协调的基调之中。这是一种转译，是一种渐进的、过渡的变化。新建筑和原有环境产生了一种"线性变化"，这种变化具备"按逻辑"和"可预见"的特点。总的来看，形态的协调性可以在形象（表相）的协调性、组织结构的协调性和空间的协调性等层面上实现。

3.2.3 建筑与人文环境

在拥有深厚的历史、文化沉淀的环境中，建筑设计需了解人文环境特征，把握其中的文化特色，尽量保留和延续环境的文化价值及精神价值。因此，在具有历史性特征的区域中，需要首先把握其文化内涵，设计理念必须与当地的人文环境相协调，这样人们可以通过对建筑的欣赏，唤起对历史人文的记忆，构建出一种富有精神内涵的人文空间。在城市的历史环境中，将人文要素的影响应用于新建筑设计中。

历史环境中的新建筑设计所间接呈现出的深厚历史沉积和文化内涵，能够使历史的魅力更加突显。与人文环境的协调是巧妙地将历史遗存的痕迹整合在新的建筑秩序中，不牵强不突兀。对城市历史环境中的文化特色的探索和再现，并不是对传统样式的简单描摹复制，或简单照搬原有肌理，而是要充分发掘建筑的精神内核，并在此基础上进行深入解读，保持内在的文脉延续。同时，新建筑并非一味地迁就周边旧建筑、旧环境，而应该通过新旧元素的重组与构成，为城市环境注入新的活力，并且提供发展的可能性与自由度，将历史文化与现代生活协调处理，使二者相得益彰。

3.3 创造性

3.3.1 建筑与自然环境

在设计中，建筑与自然环境的融合是自然到建筑的一种渐进的、过渡的变化。目的在于创造一个新的、和谐的场所，以建筑固有的特性表现自然的风貌，在建筑中表现环境中的自然，在环境中也可以延伸建筑的主题。建筑要与自然进行对话，与自然相互渗透，自然也需要延伸到建筑内部，并积极地运用周围环境的自然因素，化限制性因素为有利条件，使建筑的形态造型、材质处理等方面受到自然环境要素的启发，体现建筑的表现力、创造力与艺术价值。

建筑与环境相互作用，建筑依托于自然环境、同时又对自然环境造成影响，它们是相互关联的组合体，因此在进行设计时应当需要把握建筑与环境的形态关系和动态平衡。建筑归属于周边环境之中，应以自身的特质对环境产生积极的影响，因此在处理建筑与环境的关系时，应与所处场所的秩序、内在机制相衔接，延续周边的自然环境，并体现建筑的创造力和表现力，同时自然环境也因建筑的建造而得到改善甚至升华。

3.3.2 建筑与人工环境

每一座新建筑，首先在形式上都应展现出对现有场地外部人工环境的尊重，进而展现出所处人工环境文化脉络的延续性。具体来说，要在体量、色彩、尺度等建筑外部形式与周围人工环境中的建筑风格特征进行协调。建筑设计首先需要尊重所处的人工环境，追求与环境的协调，但又不能无条件地服从，应该在把握环境内在规律和秩序基础上大胆创新，扬长避短，创造新的建筑环境，体现建筑单体的创造力，并构成积极的城市空间环境。

3.3.3 建筑与人文环境

建筑的人文环境是建筑所在地区的历史文化长期积淀的成果。以物质痕迹记录下来的历史记忆，构成了城市环境的独特文化特征。建筑设计的过程中，应尊重所处地区的历史文化遗存，体现文脉的延续性，提升建筑本身的精神内涵。

在延续历史文脉的过程中，我们不能生搬硬套、单纯堆砌、复制拼贴传统建筑符号和立面元素，这种简单粗暴的设计方法只能带来拙劣的仿冒品，而应该少一些浮躁，多一些思考，通过更精妙的方法，更多地体现传统符号背后的人文精神。设计时应在充分了解当地传统历史文化的基础上，提炼萃取传统建筑精华，并与新的建筑理念、技艺相融合，表达出适应当地人文环境的新建筑模式，体现建筑的表现力和创造力。

4

建筑外部环境相关
设计手法

本章结合实例分析，从外部环境的自然环境要素、人工环境要素和人文环境要素三个层面，阐述在建筑设计的过程中，结合怎样的设计手法，达到与相应的环境要素相联系和呼应。通过对大量的当代优秀建筑设计作品进行深入细致的分析，本书总结了以下设计手法：其中与自然环境要素相关的设计手法可以分为气候适应、地表重构、因形就势、消隐融合、保护避让五种类型；与人工环境要素相关的设计手法可以分为轴线延续、轮廓线引导、交通避让、边界顺应四种类型；与人文环境要素相关的设计手法可以分为主体隐化、新旧并置、元素提取三个类型。

4.1 建筑与自然环境

4.1.1 气候适应

人类的发展、进化是不断适应和改造环境的过程，大自然气候条件的差异对不同区域的建筑产生影响。建筑设计要充分考虑所在区域的各种气候环境因素，如温度、湿度、光照、风、大气压力和降水量等，并分析这些因素对建筑会产生怎样的影响，例如气温对于墙体厚度、构造的影响，降水量对于屋顶坡度的影响，光照对于开窗大小、角度的影响等，在此基础上思考建筑设计应怎样应对气候要素的各种影响，充分利用气候要素对建筑空间可能产生的积极意义，通过怎样的技术手段把不利因素转化为有利因素，使建筑空间与周边气候环境相适应、相融合。如悉尼歌剧院的"贝壳-帆船"造型就与外部的水环境构成良好的协调。此类设计手法要求建筑师掌握各种气候要素的特点和相关技术手段，才能达到建筑与环境互动发展。同时，在这些可利用的自然条件之外，还需考虑风灾、雪灾、地震、火山等特殊情况下会出现的自然灾害发生的风险，如波士顿汉考克大厦曾因大风导致幕墙上大量玻璃脱落（图4-1-1）。

越南热带住宅

该住宅位于热带地区的越南岘港，此地的雨季和旱季降雨量差异巨大。为促进内部空气循环，建筑外部砖墙布满孔洞。墙体采用双层表皮的做法：外层砖墙隔绝大部分太阳直射，避免温度过高，又保证风通过。砖墙和内部

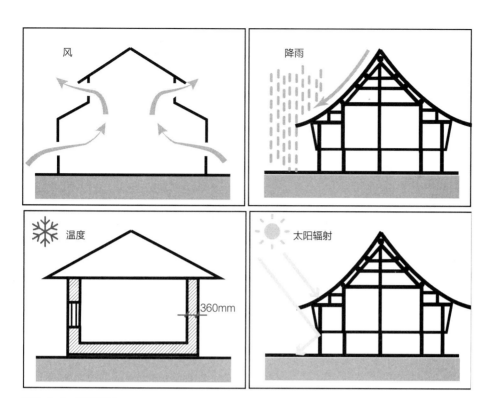

图4-1-1 气候适应

（图片来源：作者自绘）

推拉窗之间形成缓冲层，在雨季，内层玻璃阻挡狂风暴雨，缓冲层形成气压差将内部空气经孔洞排向外部。建筑师在屋顶反向布梁，将楼板倒置，设计成小花园吸热，同时保留天井拔风。平面上，东西方向布置楼梯、储藏室与卫生间等服务空间阻挡阳光直射。此例中，建筑师考虑了地区的风环境、光环境特点，通过墙体构造、天井设计、合理布局等手段，以气候适应的设计手法，达到建筑与环境的融合（图4-1-2～图4-1-6）。

西澳长城

西澳长城位于气候干燥，有肥沃铁矿石的西澳大利亚州。建筑的夯土墙由场地周边地貌中的铁砂质黏土、小石子、砂砾和钻孔里的水混合而成。黏土具有吸湿性，可蒸发掉沿墙体气流中的水分，降低墙壁的温度。同时，其保温性有助于建筑承受不断变化的气候。混凝土板包含当地砾石和聚合物，其表面抛光呈淡红色。450毫米厚的夯土立面和建筑周围的沙丘能让房屋冷却。屋顶的檐篷与地面上的混凝土板呼应，深檐篷避免阳光照射，又让人感受到清凉的晚风。此例中，建筑师通过材质选择、屋面处理等方式，使建筑空间适应当地的气候条件，改善建筑空间特质（图4-1-7～图4-1-10）。

图4-1-2 布满空洞的建筑外部砖墙
（图片来源：网络）

图4-1-3 双层表皮做法，内外形成缓冲层
（图片来源：网络）

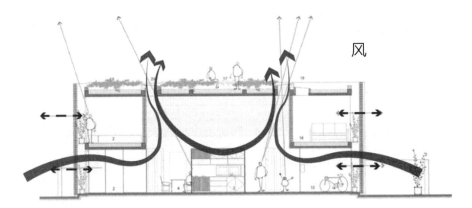

图4-1-4 楼顶种植花园与拔风天井
（图片来源：作者改绘）

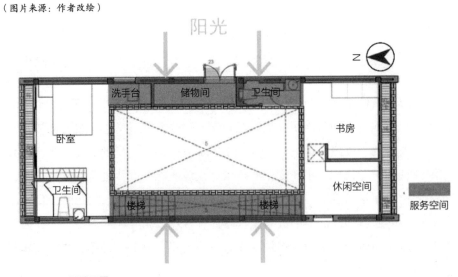

图4-1-5 二层平面图
（图片来源：作者改绘）

图4-1-6　阻挡阳光直射的楼梯踏步
（图片来源：网络）

图4-1-7　西澳长城全景图
（图片来源：网络）

图4-1-8　夯土墙面
（图片来源：网络）

4　建筑外部环境相关设计手法

图4-1-9 深屋檐和混凝土板
（图片来源：网络）

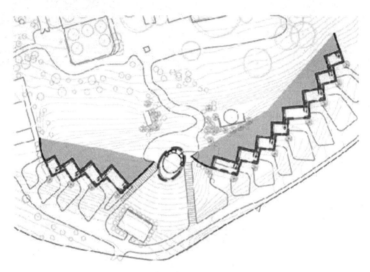

图4-1-10 西澳长城平面图分析
（图片来源：作者改绘）

巴尔米拉房

棕榈屋位于热带季风气候的阿拉伯海滨，旨在创造一个逃离城市喧嚣的寓所。由于全年高温多雨，建筑表面使用百叶板通风散热。房屋周围布水渠和水井以排水储水，同时调节室内温度。建筑建在一个椰子园里，外部大量的棕榈树会吸收房屋内排出的热量并与之进行热量交换。建筑材料就地取材，使用当地硬木，并采用榫卯结构，便于搭接的同时更利于适应当地的气候变化（图4-1-11～图4-1-16）。

图4-1-11 实景图
（图片来源：网络）

图4-1-12 百叶板
（图片来源：网络）

图4-1-13 榫卯结构
（图片来源：网络）

图4-1-14 水渠
（图片来源：网络）

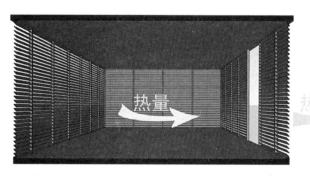

图4-1-15 风通过百叶板带走室内热量
（图片来源：作者自绘）

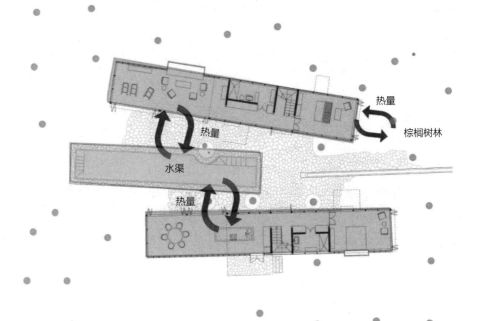

图4-1-16　房屋和水渠、棕榈树林的热量交换
（图片来源：作者改绘）

4.1.2　地表重构

　　地表即地球的表面，可以分为陆地和海洋两种类型。我们最常见的建筑实体都矗立在地表之上，地表是建筑的载体，建筑形态与大地形态相异质。为了与周边地貌环境相互嵌入、相互融合，很多建筑师将建筑实体与地表形态视作同一整体，顺应地表肌理，以自然的方式重构地表形态，这样的设计方法被称之为地表重构。

　　重构地表的建筑大多以多样化的策略应对不同的地貌环境要素。从剖面的角度分析，可以分为两种类型，第一种是将建筑体块完全置于地表之下，形成整体消隐的效果；第二种将建筑介于地表之间，部分位于地表之上，部分位于地表之下，通过建筑实体的部分介入，达到重塑地貌的效果。在操作方法上包括置入、模拟、延伸等（图4-1-17）。

　　这类经地表重构的建筑往往表现为在水平方向上延伸、起伏，与地表的地貌形态相呼应，打破和重新定义了"顶"与"地"的区别与界限，顶面与地面的连续、流动和互换带来空间的连续性，成为形态的主题。这种做法体现出建筑实体对于自然地貌的顺应，体现了建筑空间的表现力。

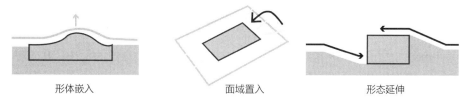

| 形体嵌入 | 面域置入 | 形态延伸 |

图4-1-17 地表重构
（图片来源：作者自绘）

西班牙特鲁埃尔青年活动中心

Teruel-Zilla青少年活动中心是一个地下公共休闲空间，设计运用大地元素，构建了一个从地下延伸到地面的出入口，形成城市地标。从剖面视角看，作为主入口的首层置于半下沉的位置，使两侧过渡，其顶部做景观小品，丰富地表达小广场的内容。地下二、三层是主要的功能空间，采用钢结构形成大空间，与外部建筑风格形成强烈对比。半下沉入口加上入口两侧长长的半围合台阶，给人一种心理上的引导，增强游客的探索欲望。通过地表重构，丰富了这一地块的城市空间类型，提升了空间品质（图4-1-18、图4-1-19）。

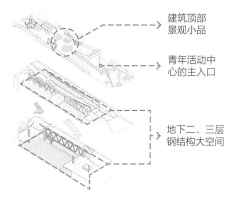

建筑顶部
景观小品

青年活动中
心的主入口

地下二、三层
钢结构大空间

图4-1-18 建筑鸟瞰图及内部流线分析
（图片来源：作者改绘）

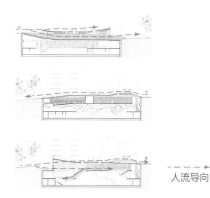

人流导向

图4-1-19 建筑及表层流线分析
（图片来源：作者改绘）

新疆可可托海地质博物馆暨游客服务中心

新疆可可托海地质博物馆暨游客服务中心采取模拟自然的手法，建筑体型结合地表的高差变化，抽象整合并重构地表形态，从而与周边独特的环境融为一体。建筑平面采用曲线，同时建筑以一组集合曲面跌落的屋面体系以及屋顶绿化消除建筑与大地的边界，弱化建筑形态的独立感，延续场所形态特征，由此生成"大地褶皱"的建筑形态。建筑北侧为展览区，南侧为办公区，两区之间为3米高差的景观楼梯，通过高度变化在保证空间连续感的同时满足功能分区的需要（图4-1-20～图4-1-23）。

图4-1-20　鸟瞰图
（图片来源：网络）

图4-1-21　抽象整合，重构地表形态
（图片来源：网络）

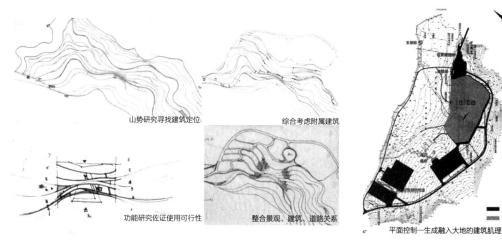

山势研究寻找建筑定位　　　　　综合考虑附属建筑

功能研究佐证使用可行性　　整合景观、建筑、道路关系

平面控制—生成融入大地的建筑肌理

■ 规划路场
■ 规划建筑

图4-1-22　地貌肌理分析图
（图片来源：网络）

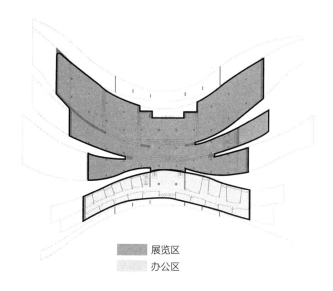

■ 展览区
□ 办公区

图4-1-23　平面分区图
（图片来源：作者改绘）

柳州白露片区城市展览馆

　　该建筑位于柳州市，建筑师采用下沉手法，将展览馆和公园地表相结合，为人们提供了一个功能丰富的城市空间。展览馆以内聚的几何形进行分布，围合而成的下沉空间设置了中庭广场，广场把展览馆的各项功能联结在一起，同时也承载着聚集、休闲等空间功能。建筑的屋面使用可上人的种植屋面，市民能够站在屋面的斜坡上鸟瞰下沉空间，形成不同高度上的视觉互动。此例中，建筑师通过地表重构，丰富、聚合、优化了公园内的空间类型，为市民营造出良好的文化、休闲氛围（图4-1-24～图4-1-26）。

图4-1-24 展览馆和公园
（图片来源：网络）

图4-1-25 地表重构
（图片来源：作者改绘）

图4-1-26 下沉庭院
（图片来源：网络）

丹麦Hellerup高中体育馆加建

  丹麦Hellerup高中加建的体育馆设计中，由于场地有限，体育馆只能加建在唯一的院落里。设计师通过置入的手法，将运动空间置入地下，并依据球类的弹道弧公式把露出地面的部分做成曲线式起伏的木甲板，这个弧形甲板既解决了大空间的功能要求，又没有占据地面的室外活动空间，反而引发更多的聚会活动。甲板的边缘做成格栅，以确保阳光可以渗入建筑，同时将原来只用作穿行空间的院落改造成可供停留的交往空间。此例中，建筑师通过地表重构设计手法，在场地面积有限的制约下，解决了设置大型运动空间的功能要求，同时丰富了该地块的开放空间类型，提升了校园空间特质（图4-1-27～图4-1-32）。

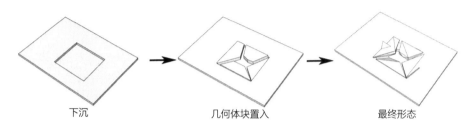

下沉　　　　　　　　几何体块置入　　　　　　　最终形态

图4-1-27　体块生成过程
（图片来源：作者自绘）

图4-1-28　加建鸟瞰图
（图片来源：网络）

图4-1-29　学生们在甲板上集会
（图片来源：网络）

图4-1-30　甲板隆起的休憩空间
（图片来源：网络）

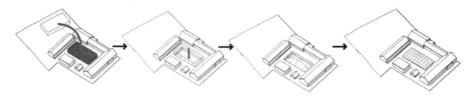

图4-1-31　通过置入操作手法的形态生成过程
（图片来源：作者自绘）

图4-1-32　室内运动空间
（图片来源：网络）

4.1.3　因形就势

自人类从事建筑活动以来，基地的地形结构就会对建筑的设计、营造产生作用，建筑应遵循地形的大致轮廓、基本高差，植被覆盖等环境要素，从平面布局、空间构成到形体造型，达到与原有环境的融合与互动。应深入分析解读各种地势的特点，顺应、融入地势发展脉络，可以通过设置吊脚楼、过街楼、通廊等方法适应地形的变化，并运用踏步、楼梯、平台、走廊与地形自然协调，营造出高低错落、疏密有致的建筑风貌（图4-1-33）。

斯库塔高山营地

斯库塔高山营地坐落于斯洛文尼亚的山斯库塔山上，该地气候极端，建筑需要抵御剧烈温度变化以及恶劣天气。场地的地面由很多大小不一的石头铺就，建筑设计逻辑就来自对场地山势的应对。建筑师以简单不对称的双坡屋顶，形成基本建筑体量，又根据高差，采用错位手法将体量分成三个模

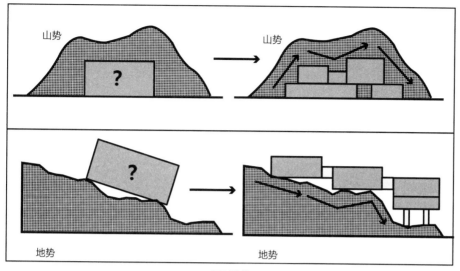

图4-1-33 因形就势分析图
（图片来源：作者自绘）

块，将第二模块和第三模块的屋顶分别扭转，生成最终形态。通过因形就势的设计手法，使建筑整体造型顺应了山势，而且也满足了采光和景观的特殊需求生成最终形态（图4-1-34~图4-1-37）。

图4-1-34 建筑实景图
（图片来源：网络）

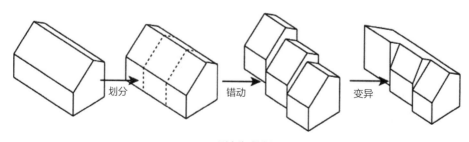

图4-1-35 建筑形态生成过程图
（图片来源：作者自绘）

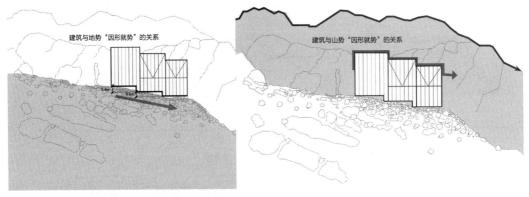

图4-1-36　建筑与地势、山势"因形就势"的关系

（图片来源：作者改绘）

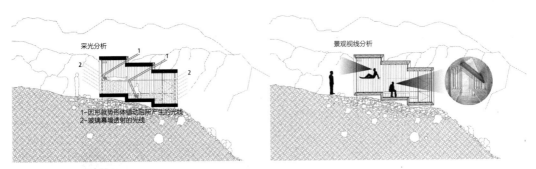

图4-1-37　建筑采光分析与景观视线分析

（图片来源：作者自绘）

中国美术学院民艺博物馆

　　隈研吾设计的中国美术学院民艺博物馆位于原本是茶园的山丘斜坡上，建筑师的初衷是尽量不破坏茶园的地貌，利用斜坡自然缓和的特点，建造一座谦逊的、温和的、依附于大地的博物馆。整个建筑以菱形体块为基本构成单元，通过几何手法的聚合和分割，顺着山势嵌入缓坡，适应错综复杂的地形，创造移步换景的流动性展览空间。每个菱形单元都设有独立的由瓦片铺设的屋顶，共同构成高低起伏、层叠连绵的传统山村聚落景观。该建筑摒弃了张扬和造势，而是结合地貌环境依山就势，与自然融合，巧妙地"隐藏"于环境之中。达到了建筑师的设计意图："我们试图使无形的自然更加接近建筑。从这个意义上讲可以说这个项目是兼具自然与建筑的中间物体。"①

（图4-1-38～图4-1-40）

①（日）隈研吾. 场所原论［M］. 武汉：华中科技大学出版社，2019：75.

图4-1-38 建筑与山体的融合
（图片来源：作者自摄）

图4-1-39 建筑室内
（图片来源：作者自摄）

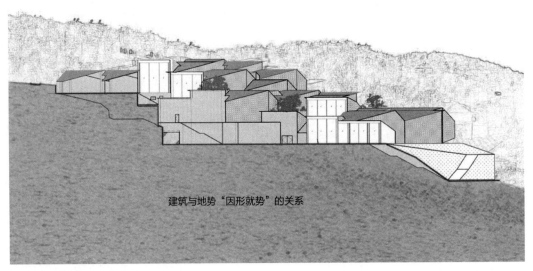

建筑与地势"因形就势"的关系

图4-1-40　建筑与地势"因形就势"的关系
（图片来源：作者改绘）

千岛湖进贤湾东部小镇索道站设计

　　该建筑位于杭州市进贤湾度假区的千岛湖。场地处于山脚处的陡坡地形上，头枕青山，面朝绿水，西高东低。建筑外部"形"与"势"融合，沿湖一侧三层屋面向外悬挑，前倾的趋势有效地缓解了建筑体量与湖岸高差所形成的突兀感。整个建筑被绿色植物和竹木材质所覆盖，几何形态的建筑实体延续了山体景观。通过因形就势的设计手法，不仅达到与环境的融合，而且建筑悬挑形成的"景框"，为游客提供了观赏自然的最佳视角（图4-1-41 ~ 图4-1-45）。

图4-1-41　索道站实景图
（图片来源：网络）

图4-1-42　层台悬挑
（图片来源：网络）

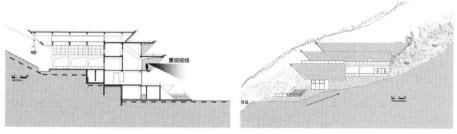

图4-1-43　建筑顺应地形
（图片来源：作者改绘）

图4-1-45　建筑前倾缓解与河流、山体的突兀感
（图片来源：作者改绘）

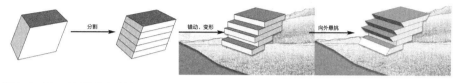

图4-1-44　建筑体块生成过程
（图片来源：作者自绘）

瑞典水上中心设计

　　该建筑在瑞典林雪平市Tinnerbäck湖边水上，设计理念是将城市与湖面融合。建筑造型通过多次切割、推拉、变形等方法生成。东北角首层部分通过切割与地形结合，整体造型模拟海浪冲上岸的状态。表面用大量的玻璃材质增加视觉感受及通透性，游泳池放置在底层，与湖面呼应，巨大波形外立面模糊内泳池和室外湖之间的边界。外表面使用可回收木质材料，增加暖色调，突出层次感，当阳光通过玻璃窗照射到室内，形成独特的光影效果（图4-1-46～图4-1-51）。

图4-1-46　瑞典水上中心西南视角
（图片来源：网络）

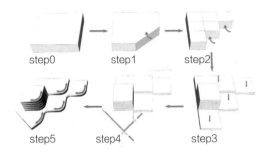

图4-1-47　建筑造型的演变
（图片来源：作者自绘）

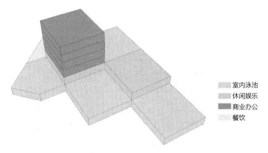

图4-1-48　瑞典水上中心功能分析
（图片来源：作者自绘）

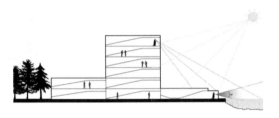

图4-1-49　建筑视线分析
（图片来源：作者自绘）

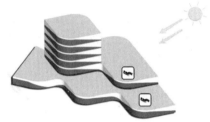

图4-1-50　瑞典水上中心光照分析图
（图片来源：作者自绘）

图4-1-51　建筑材质分析图
（图片来源：作者改绘）

冰岛BasaltArchitects酒店

　　该酒店位于冰岛，酒店选址和建筑设计理念由当地设计团队对周围的火山裂缝和岩石特点进行深入分析而确定。设计构思是将室外环境引入室内，建筑整体顺应地形地势，舒展的体块自然地穿插在火山裂缝和温泉的聚合、流动之中，建筑与环境交叉融合，在每个房间都能欣赏到临湖风光（图4-1-52～图4-1-57）。

图4-1-52 建筑形态顺应地形
（图片来源：网络）

图4-1-53 实景图
（图片来源：网络）

图4-1-54 立面图
（图片来源：网络）

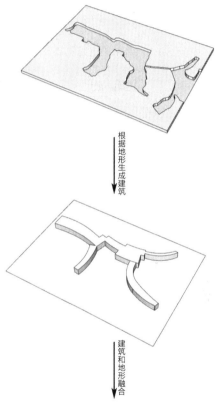

根据地形生成建筑

建筑和地形融合

图4-1-57 体块演变过程
（图片来源：作者自绘）

图4-1-55 温泉景观
（图片来源：网络）

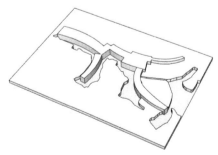

图4-1-56 卧室视线
（图片来源：网络）

4 建筑外部环境相关设计手法 　　71

4.1.4 消隐融合

建筑不仅是容纳人们活动的容器，还是一个能够与人、社会环境以及自然环境相互作用的有生命特征的整体。建筑需要和外部环境进行信息、物质、能量的开放交流，相互融合和渗透。建筑师可以通过消隐融合的方法，挖掘周边自然环

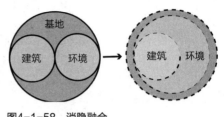

图4-1-58 消隐融合
（图片来源：作者自绘）

境要素特质，在建筑材质、形态造型、边界处理等方面推敲研究，精心设计，使新建建筑融入已有环境，像是在环境中自然生长的一样（图4-1-58）。

杭帮菜博物馆

建筑位于西湖风景名胜区的钱王山和湿地之间的生态公园内，建筑师结合水面、地形和山势，将整个建筑由西向东划分为贵宾楼、餐饮区、博物馆经营区和固定展区四个功能组群。各体块随着山势，顺应着水面相互扭转，蜿蜒转折。体块之间以木栈道和休息木平台等线性、点性空间连接成为整体，既实现了功能分区的要求，又弱化了建筑体量。建筑群掩映在周边的树木和芦苇丛中，若隐若现，减少了对自然环境的压迫感，延续了生态公园和绵延山体之间的视线通廊（图4-1-59）。

图4-1-59 建筑实景图
（图片来源：作者自摄）

建筑高度低矮平缓，尺度宜人，以虚实体量穿插形成聚落感，连续的反坡折面绵延舒展，与背景舒缓的山体轮廓相迎合；视觉方面，建筑立面采用通透的落地玻璃幕墙，强化室内空间和室外公园景观之间的融合联系；色彩方面，立面的绿色铝格栅和植草屋顶使建筑与湿地环境的色彩基调相呼应。建筑师通过屋顶形态、体块穿插、材质对话等手段，将建筑实体随水景衬托于巍巍青山的秀丽背景之下，使建筑就像是从大地中自然生长出来的一样，若隐若现地融于环境之中（图4-1-60～图4-1-62）。

图4-1-60　建筑隐藏于环境
（图片来源：作者自摄）

图4-1-61　遮阳立面格栅
（图片来源：作者自摄）

图4-1-62　建筑顺应地势
（图片来源：作者改绘）

美秀美术馆

　　贝聿铭设计的美秀美术馆坐落在日本滋贺县自然保护区的山林间，被秀丽的山峦、河川所环抱。为了在建筑与自然环境之间建立和谐的联系，并遵守日本《自然公园法》的规定，建筑师结合山势，将博物馆80%的面积埋藏于地下，映衬在丛林中。地面之上的体量分南北两翼舒展布局，采用了几何形体构成的玻璃屋顶，山峦的曲线和屋顶的折线曲折连绵，建筑在秀美的自然山林之间因形就势，若隐若现，营造出中国山水画似的幽远意境。结合地形中狭窄的山脊，建筑师另辟蹊径，以《桃花源记》为构思立意，以索道和桥梁作为美术馆的入口引导空间。参观者穿过幽静的弧形隧道，在豁然开朗的景致之下漫步在横跨峡谷的索桥上，耳旁传来山间清泉与瀑布的回响，走过圆形广场，拾阶而上，踏入美术馆内部，在高山、幽谷、云雾环抱之下，形成梦幻般的空间序列，参观者始终沉浸在美妙的自然胜境之中。建筑师充分考虑自然环境特点，结合山体因形就势，将《桃花源记》中深远的文学、艺术内涵共同渗透到建筑师描绘的优美画卷之中，掩映在幽幽深谷中的建筑与周围环境相映生辉，和谐共融（图4-1-63~图4-1-65）。

图4-1-63 美秀美术馆入口
（图片来源：作者自摄）

图4-1-64 山中隧道
（图片来源：美秀美术馆.建筑师贝聿铭先生的工作
[M].京都：美秀美术馆，2012：2-3.）

图4-1-65 美术馆与山体融合
（图片来源：美秀美术馆.建筑师贝聿铭先生的工作［M］.京都：美秀美术馆，2012：12-13.）

北京动物园水禽馆

北京动物园水禽馆地处生态多样化的水禽岛北侧。其平面顺应着水禽岛的地形而建，为了与基地中原本的树木相呼应，建筑的外墙形成高低错落的折板形式，镶嵌在树木的空隙中。同时，建筑的廊桥就地取材，利用当地的风干芦苇编制，更使其与环境交相呼应，融为一体（图4-1-66～图4-1-73）。

图4-1-66 建筑外观
（图片来源：网络）

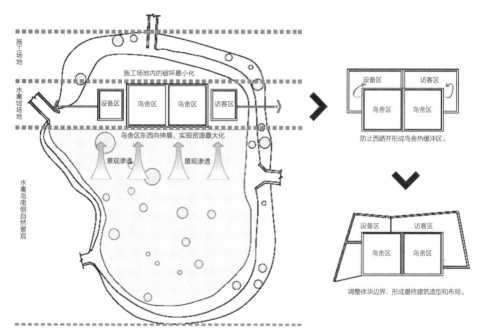

图4-1-67 形体生成
（图片来源：作者改绘）

图4-1-68 被植被环绕的水禽馆1
（图片来源：网络）

图4-1-69 被植被环绕的水禽馆2
（图片来源：网络）

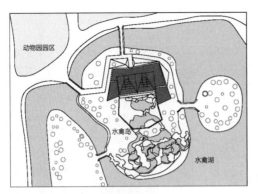

图4-1-70　水禽馆与周边环境
（图片来源：作者改绘）

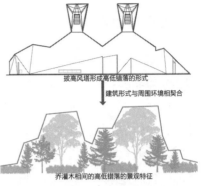

图4-1-71　建筑形式与周围环境契合形式
（图片来源：作者改绘）

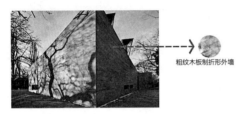

图4-1-72　材质分析
（图片来源：作者改绘）

图4-1-73　建筑外墙和周围环境的顺应关系
（图片来源：作者改绘）

例园茶室

　　例园茶室位于上海市徐汇区，为了与环境融合，建筑师降低了建筑的高度，并种植了与建筑高度相近的植物，达到与环境的融合。为了使建筑边界与周边的泡桐树更契合，将泡桐树对面的空间改造成一个"L"形，也创造了一个微型后院，院内部分布着多种植物，卵石小径穿插其中，氛围安宁幽静。同时，这里也成为茶馆对于室外的延伸，人们可以在树下的空间饮茶、休憩、阅读，抬眼便是风景。通过对建筑与环境的巧妙处理，把茶室打造为身处繁华都市的静思之地（图4-1-74 ~ 图4-1-79）。

图4-1-74　建筑入口看到的后院
（图片来源：网络）

图4-1-75　茶室入口看到的后院
（图片来源：网络）

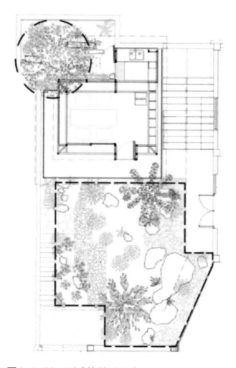

图4-1-76 形成的微型后院
（图片来源：作者改绘）

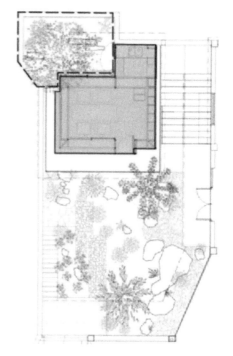

图4-1-77 "L"形建筑
（图片来源：作者改绘）

图4-1-78 建筑的尺度
（图片来源：作者改绘）

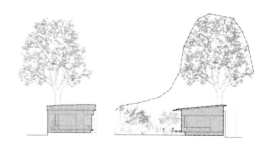

图4-1-79 室外的延伸
（图片来源：作者改绘）

水下餐厅

该建筑位于挪威海岸线的最南端，建筑的下半部分建在水中，上面可以看到的部分整体是倾斜的，像是建筑从大海中生长出来，搭在岸边的礁石上。在室内，为了能更好地与环境融合，将其夹层空间和酒吧区域下沉到大海中。同时，其室内的色调变暗，大片的玻璃将外部海洋的颜色和海洋中的生物反映进来，把海洋元素引入室内，使建筑与环境相互融合（图4-1-80～图4-1-85）。

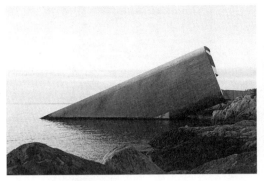

图4-1-80　建筑实景图
（图片来源：网络）

图4-1-81　室内大片玻璃
（图片来源：网络）

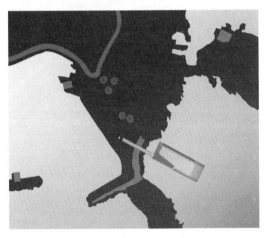

图4-1-82　建筑周边环境
（图片来源：网络）

图4-1-84　视觉分析
（图片来源：作者改绘）

图4-1-83　建筑爆炸图
（图片来源：网络）

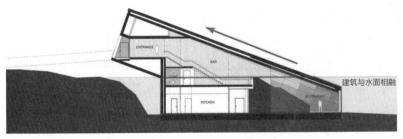

图4-1-85　建筑与环境结合
（图片来源：作者改绘）

4.1.5 保护避让

对于场地中需要避开或保护的自然环境要素，如陡坡、河流、湿地、水岸、树林、古树等，应考虑建筑设计对这些因素的影响，避免破坏环境，延续自然环境原有形式。

建筑师能够选择的避让处理有多种方式：对自然因素繁多、破碎的地块，通过随机的空间形态组织有逻辑的建筑功能，让建筑游走于其中的间隙——属于穿插避让（图4-1-86）；很多树木在垂直方向的生长状态不规则，因此建筑形态需要在垂直方向上因树木而凹进凹出——属于镶嵌避让（图4-1-87）；同时，在一些需要保护古树的场地中，为了维持建筑的整体性，只在树木的位置留出洞口，容纳树的通过或生长——属于开洞避让（图4-1-88）；此外，还有比较常见的将建筑分散成不同的体量，围绕自然因素构成建筑的庭院或天井——属于围合避让（图4-1-89）。

在对自然环境保护避让的过程中，需要因地制宜，灵活运用各种避让处理手法。

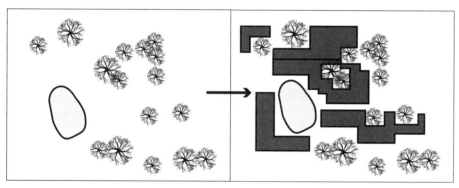

图4-1-86 穿插避让
（图片来源：作者自绘）

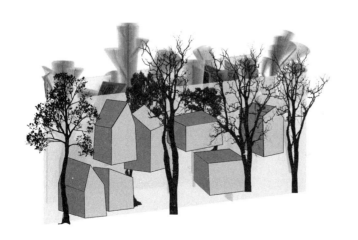

图4-1-87 镶嵌避让
（图片来源：作者自绘）

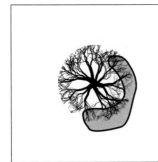 

图4-1-88　围合避让
（图片来源：作者自绘）

图4-1-89　穿洞避让
（图片来源：作者自绘）

林间办公楼

　　林间办公楼位于山东威海环翠公园一片山坡上的树林里。为了减少对自然景观的影响，建筑采取见缝插针的方式布局。建筑结构的选择上，设计师选择钢结构。对地形的保护利用实现建筑在树林中游走的效果，随树木和地形曲折匍匐前行的建筑在内部创造出一种步移景异的园林式空间体验。此例中建筑师采用了穿插避让的方法，使建筑与环境融为一体（图4-1-90~图4-1-93）。

图4-1-90　建筑实景
（图片来源：《建筑学报》）

图4-1-91　建筑与环境
（图片来源：《建筑学报》）

图4-1-92　建筑与周边环境总平面
（图片来源：作者改绘）

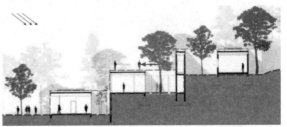

图4-1-93　建筑对地形的顺应以及对树木的避让
（图片来源：作者改绘）

二分宅/张永和

二分宅位于水关长城脚下11个别墅中的高处。由于基地周围是山脉，并且中间有几棵大树和一条经过的河流，二分宅将整栋建筑从中间分开，通过两栋独立建筑之间的角度调整来适应基地中的大树、河流以及周围的山脉。同时，建筑的整体高度比基地中的大树低，大树和山脉可以真正地将建筑隐藏起来，建筑做到对自然地形的合理避让（图4-1-94～图4-1-96）。

图4-1-94 建筑实景图
（图片来源：朱竞翔. 二分宅，北京，中国［J］. 世界建筑，2017，328（10）：39-45.）

图4-1-95 建筑隐于环境
（图片来源：朱竞翔. 二分宅，北京，中国［J］. 世界建筑，2017，328（10）：39-45.）

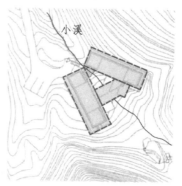

图4-1-96 建筑与环境分析
（图片来源：作者改绘）

华鑫中心

华鑫展示中心位于上海市徐汇区桂林路，建筑围绕着基地中原有的大树进行建造，为了对场地中原有的树木进行避让，建筑在平面上以"L"或"Y"的布局在大树间自由舒展，通过围合，给树木留出足够的生长空间，对环境进行避让和保护。同时，建筑表皮采用波纹扭拉铝片，与环境能很好地融合（图4-1-97~图4-1-102）。

图4-1-97　建筑实景图1
（图片来源：作者自摄）

图4-1-98　建筑实景图2
（图片来源：作者自摄）

图4-1-99　建筑与树木交织
（图片来源：作者自摄）

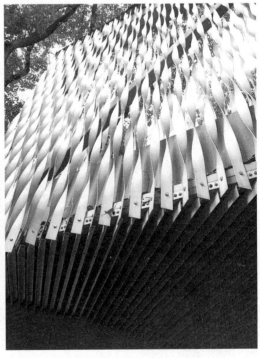

图4-1-100　建筑表皮
（图片来源：作者自摄）

图4-1-101 建筑适应环境
（图片来源：作者自绘）

图4-1-102 建筑对树木的融合与避让
（图片来源：网络）

O₂咖啡馆

    O₂咖啡馆位于越南顺化市，由于基地中原本就有一些古树，为了保护地块的原貌，建筑师采用了镶嵌避让的形式，通过不断变化其层高以及每一层的形状、方向、大小，使整个建筑看起来十分灵活，并且新增的树木可以通过凹进的空间更好地与建筑融合（图4-1-103～图4-1-107）。

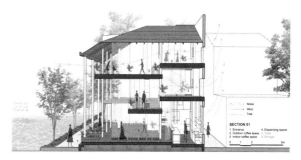

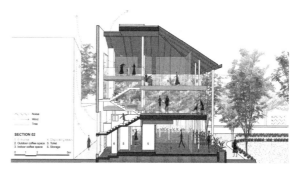

图4-1-103 建筑实景图
（图片来源：网络）

图4-1-104 室内透视图
（图片来源：网络）

图4-1-105 建筑平面适应周边环境
（图片来源：作者改绘）

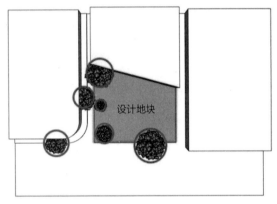

图4-1-106 场地对建筑的影响因素
（图片来源：作者改绘）

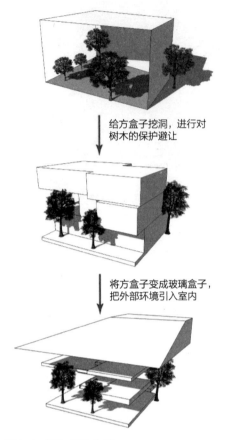

给方盒子挖洞，进行对树木的保护避让

将方盒子变成玻璃盒子，把外部环境引入室内

图4-1-107 形体生成
（图片来源：作者改绘）

媒体图书馆

媒体图书馆位于法国的一个历史古镇。该建筑是在原有建筑的基础上改建形成的，场地中的大树以及原有的建筑，都对图书馆的设计有一定影响。从原有的建筑来说，图书馆通过对自身形状的变化，使其镶嵌在原有建筑中，对原有建筑进行避让。同时，建筑高度上的呼应，让整体更加融洽。从大树的角度来说，图书馆的角部受大树的影响形成的弧形，不仅扩大了室内读者的视野，同时，也对大树进行了保护与避让（图4-1-108～图4-1-112）。

图4-1-108　建筑实景图
（图片来源：网络）

图4-1-109　建筑高度的融合
（图片来源：网络）

图4-1-110　室内视野范围扩大
（图片来源：网络）

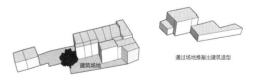

图4-1-111　图书馆对原有建筑的适应
（图片来源：作者自绘）

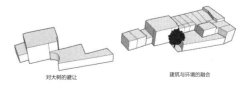

图4-1-112　图书馆对场地中树木的适应
（图片来源：作者自绘）

4.1.6 边界渗透

如果建筑基地及其周边范围内拥有良好的景观环境要素，如山系、水系、花树、植被等，在建筑设计的过程中一定要充分利用这些美好的景观要素，使外部的自然环境与建筑空间相融。中国江南园林常常通过"借景"的处理手法，把周边的景物引入到观者所站之处，建立多重空间的视线联系，提供层次丰富的视觉感受。

建筑的边界能够赋予空间形状，并组织建筑内外的流线和体验。建筑师可以通过边界渗透的方法建立空间与景观要素的融合，包括边界空间的退让、架空，设置走廊、挑台、庭院等半室外边界空间，选用通透的边界材质等。在建筑与周边环境之间，建立柔性的、可渗透的边界过渡，这样可消除室内外壁垒分明的界限，在视觉、听觉等感知层面加强空间与景观之间的互动、流通、交织、渗透。本小节以四个实例深入分析边界渗透的设计手法（图4-1-113）。

图4-1-113 萨伏伊别墅底层架空形成边界渗透
（图片来源：作者自摄）

TIME'S商店

TIME'S商店是安藤忠雄在古城京都完成的第一个作品，于1984年建设完成，建筑位于高濑川水系旁，高濑川是引自旁边的鸭川水所形成的小溪流，在设计之初，安藤忠雄希望充分利用美好的景观要素，把水系引入建筑之中，在城市之中建立与自然环境之间的联系，但是由于高濑川是当地的一级河流，受河川法的严格保护，不能随意引入私人建筑内部，这一设计理念最终无法实现。虽然不能直接引水入室，但是建筑师还是很好地处理了建筑与环境之间的关系，通过边界渗透的设计手法，营造了与环境共生的建筑空间。

　　建筑边界紧贴着水流，临水而立，建筑师充分利用建筑基地两面临街、一面临水的有利条件，将建筑主体沿着高濑川展开，入口设置在"三条"大街上，顾客既可以通过平行于水流的踏步拾级而下，到达紧邻水面的亲水平台，再进入建筑内部，也可以直接通过与街道等高的入口，进入商店。底层餐厅的亲水平台高于水面30厘米，平行于水面形成柔和的弧线，与潺潺的水流没有任何隔绝，溪水仿佛成为建筑的一部分，顾客可以零距离地接触水面，感受自然。临水的墙体采用了大面积的玻璃，使室外的优美景色可以无阻隔地映入建筑内部。商店的二层、三层也在临水的一面设置了阳台、露台，形成半室外的边界空间，尽可能多地为顾客提供观赏、感受高濑川的视角和场所，建立了人——建筑——水流的紧密联系。结合建筑师常用的片墙、天井、清水混凝土材质以及细腻的细部处理，整个建筑空间层次分明，光影变化丰富，流畅自由的通道构成了复合式路径组织。建筑体量化整为零、化体为面，通过平台、阳台、露台、玻璃幕墙、天井等元素，形成多个层次、多种形式的边界渗透，建筑空间向水面开放，向天空延伸，与自然环境和谐相融。安藤忠雄认为这个作品是自己第一次将城市环境与建筑设计联系在一起，第一次应对"开放"的城市建筑主题。[①]每当樱花盛开之时，洒落的花瓣在溪水中悠悠漂浮，樱花投影，柳树相映，即使身处建筑内部，顾客也能伴着潺潺流水，感受多层次的景观体验（图4-1-114～图4-1-119）。

图4-1-114　北海道餐厅大面积玻璃幕墙形成边界渗透
（图片来源：作者自摄）

图4-1-115　商店与水系、花木相融
（图片来源：作者自摄）

① 马卫东. 安藤忠雄全建筑　1970-2012［M］. 上海：同济大学出版社，2012：906.

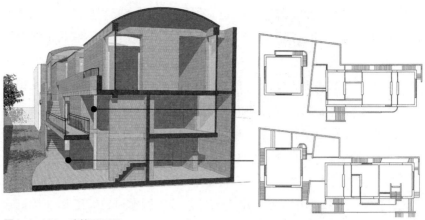

图4-1-116 建筑平面图
（图片来源：作者改绘）

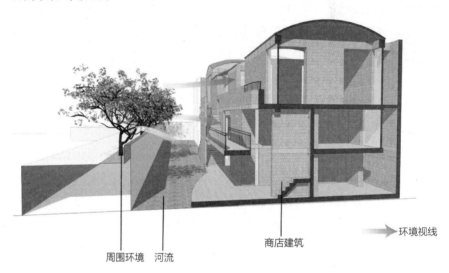

周围环境 河流　　　　　　　　商店建筑

➡️ 环境视线

图4-1-117 环境视线图
（图片来源：作者自绘）

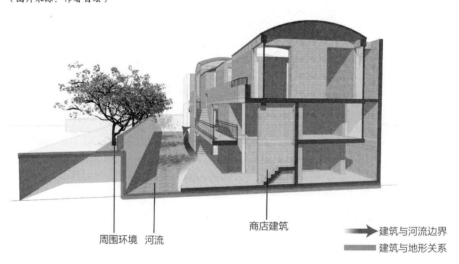

周围环境 河流　　　　　　　　商店建筑

➡️ 建筑与河流边界
━━ 建筑与地形关系

图4-1-118 建筑与周围环境关系
（图片来源：作者自绘）

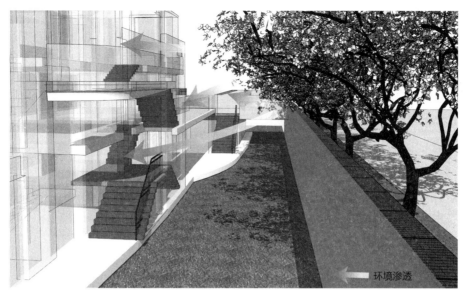

图4-1-119　建筑楼梯位置和周围环境关系图
（图片来源：作者自绘）

美秀美术馆

　　贝聿铭设计的日本京都美秀美术馆，不仅将建筑体量顺应着山势隐于环境之中（详见本书"因形就势"章节），而且在建筑内部，也注重通过"借景"的方式，以玻璃墙体为媒介，引入自然、呼应山水，达到边界渗透，实现建筑空间与自然环境的对话交融。当参观者从入口歇山屋顶下走过，进入美术馆内部，几何形的玻璃屋顶随着步伐慢慢上升，此处玻璃屋顶与仿木色铝合金格栅结合，不仅达到了滤光效果，而且形成了特有的韵律感，使大厅在灿烂阳光照耀下充满微妙的律动。紧接着映入眼帘的是一组犹如日本传统屏风形式的巨大玻璃窗，使视野豁然开朗，对面深山幽谷中清澈的蓝天、悠悠飘动的白云、层层叠叠的山峦、华茂苍劲的赤松尽收眼底，宛如一幅雄伟壮观的风景画。此时，阳光下、空间里，天空、白云、轻风融为一体，将入口大厅渲染出气势磅礴的魅力。贝聿铭也曾说到："对我来说最重要的是如何与京都的景观相呼应，我觉得在京都进行建筑必须要与自然相互协调……我感觉使用玻璃和金属是很好的解决办法，可以把景观导入建筑物内部……对我而言，也是最引以为傲的一个设计。"[①]建筑师通过边界渗透的手法，以大面积玻璃墙体为媒介，在大厅、连廊等重点区域，有意识地把室外的自然景色渗透到室内视景范围中来，使参观者可以不断地体验到周边环境之美，建筑完全融入了秀美的自然景观（图4-1-120、图4-1-121）。

---

① 美秀美术馆. 建筑师贝聿铭先生的工作［M］. 京都：美秀美术馆，2012：14.

图4-1-120　入口大厅大面积玻璃形成边界渗透
（图片来源：作者自摄）

图4-1-121　室内走廊玻璃天窗、玻璃幕墙形成边界渗透
（图片来源：作者自摄）

良渚文化艺术中心

　　日本建筑师安藤忠雄设计的良渚文化艺术中心位于杭州万科良渚文化村，是聚艺术、文化、教育为一体的综合服务设施。基地东面紧邻东苕溪，西面靠近自然的田野，结合得天独厚的自然环境要素，建筑师在北侧和东侧种植了密林和樱花行道树，并引入河水构筑水景，优化了周边环境。该建筑被居住区内的"村民"亲切地称为"大屋顶"，该昵称直观地体现了建筑的整体形态特征——在一个巨大屋顶覆盖之下，三个方形体块从南至北逐次排布，分别承担着商业、文化和教育功能。通过对中央体块进行一定的角度扭转，与河流的走向实现了呼应。结合屋顶覆盖之下或长或短的檐下空间、体块之间变化多样的角度关系，建筑与外部环境之间形成层次丰富、形式多样的边界空间。既有宽阔的外廊，也有旋转的楼梯、出挑的阳台、流畅的走廊……通过这样的边界空间，水景、树木、田野等自然环境要素被纳入建筑内部，形成室内外空间的交融渗透。阳光透过大屋顶上的多个三角形天窗照射到建筑内，营造出丰富的光影变幻和空间律动感。临水景一侧的建筑立面采用了大面积的玻璃幕墙，将墙外的樱花、树影、河川映入内部，模糊了建筑的边界，实现建筑师设计的初衷："与沿河风景的对话"（图4-1-122～图4-1-131）。[①]

[①] 马卫东. 安藤忠雄全建筑　1970—2012 [M]. 上海：同济大学出版社，2012：308.

图4-1-122 良渚文化艺术中心外观
（图片来源：作者自摄）

图4-1-123 良渚文化艺术中心与周边环境
（图片来源：作者自摄）

图4-1-124 大面积玻璃幕墙形成边界渗透
（图片来源：作者自摄）

图4-1-125 大屋顶覆盖下的外廊
（图片来源：作者自摄）

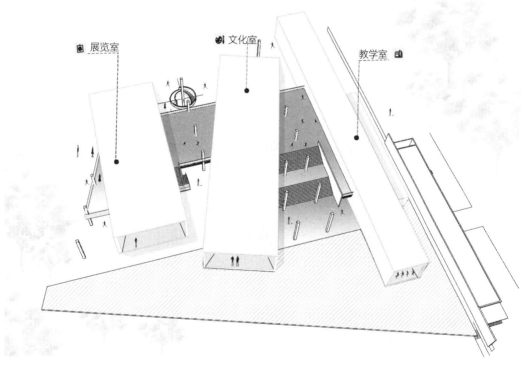

图4-1-126 场地渗透
（图片来源：作者自绘）

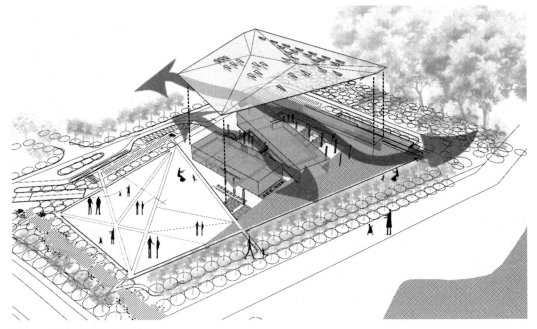

图4-1-127 环境和空间流动
（图片来源：作者自绘）

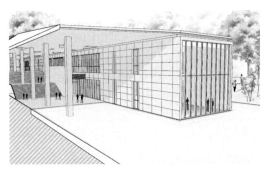

图4-1-128 北侧室外空间
（图片来源：作者自绘）

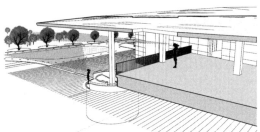

图4-1-129 南侧平台与西侧环境关系
（图片来源：作者自绘）

图4-1-130 南面室外阳台
（图片来源：作者自绘）

图4-1-131 中间体块
（图片来源：作者自绘）

京都府立陶板名画庭

安藤忠雄设计的京都府立陶板名画庭同样运用了边界渗透的手法，实现了建筑空间与周围环境的交融、流动。该项目位于京都市府立植物园东侧，建造目的是保存和展示陶板名画。就像它的名字一样，这是一个没有屋顶的露天庭院，以建筑师惯用的片墙、坡道、踏步、台阶形成空间的立体交错，将展品本身作为空间设计元素融入参观路径，创造了一系列艺术品和游客之间的偶然相遇，在立体回游式的行进过程中完成整个参观体验。在临近植物园的一侧，以清水混凝土构架形式实现景框效果，将植物园的美景引入庭院内，通过边界渗透的手法丰富空间层次，建立与周边自然环境要素的紧密联系。正如安藤忠雄所说："被净化的自然美和人类历史创造的美，通过现代的技术在同一个空间邂逅，对话（图4-1-132、图4-1-133）。"[①]

图4-1-132　边界渗透纳入植物园景观
（图片来源：作者自摄）

图4-1-133　墙体的穿插构成
（图片来源：作者自摄）

4.2　建筑与人工环境

4.2.1　轴线延续

人工环境中轴线的产生一般有两种：一种由一系列建/构筑物的单体或群体的限定形体不断增多而形成"无"介质组成的狭长状连续不间断的线性空间；另一种是由一系列点状分布的建/构筑物的单体或群体排列空间上的

---

① 马卫东. 安藤忠雄全建筑　1970-2012［M］. 上海：同济大学出版社，2012：642.

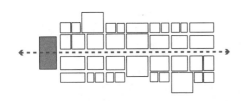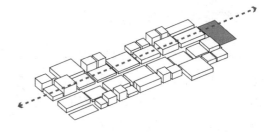

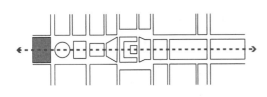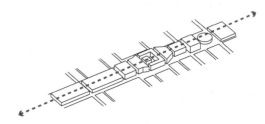

图4-2-1　轴线的一般形式
（图片来源：作者自绘）

有秩序线性关系而形成轴线（图4-2-1）。

　　轴线的延续分为完全对称布局和隐性对称布局两种方式。

　　完全对称的建筑自身为对称形式，其中轴线与城市轴线重合，从而使自身成为轴线延续的构成部分，这种对称使轴线具有庄重雄伟、空间方向明确的特征；隐性对称的建筑自身为非对称形式，建筑的重心位于轴线之上作为建筑的平衡点，强调与轴线的关系，形成轴向的暗示，从而达到使轴线延续的目的。

　　轴线引导城市的发展方向，是城市的"主动脉"，对城市结构形态和空间布局有着重要影响。建筑不断延续轴线为城市建设确定方向；轴线具有一定的指示性，轴线上的建筑形式或者组织方式和轴线产生一定的关联，从而突出轴线的存在（图4-2-2、图4-2-3）。

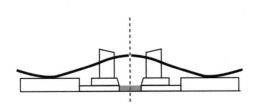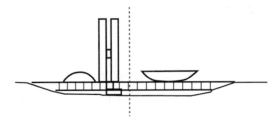

图4-2-2　深圳市民中心与轴线关系
（图片来源：作者自绘）

图4-2-3　巴西议会大厦与轴线关系
（图片来源：作者自绘）

澳大利亚新议会大厦

澳大利亚新议会大厦位于堪培拉议会三角区的顶点。议会三角区由四条轴线共同限制形成,第一条轴线,由南面的红山经首都山再到北面的安斯利山,此轴线上布置有新议会大厦和战争纪念馆,隔湖相望;第二条轴线,从西面的黑山引出,顺着格里芬湖,向东延伸至位于湖边的自然湿地保护区,黑山山顶建有电视塔,也是堪培拉的城市标志之一;第三条和第四条是从首都山通向城市商业中心和科教文卫中心的轴线,同时也是城市的主要交通道路。这四条轴线限制形成的议会三角区,布置多个国家级建筑,其中包括新议会大厦。

新议会大厦的设计先用两面大曲墙来回应各轴线交汇点的独特区位,两面曲墙将四个不同的功能区分开;在红山至安斯利山的轴线方向上,南北分别置入总理府和公众入口等功能;最后在东西两侧,加入参议院以及众多的附属建筑(图4-2-4 ~ 图4-2-9)。

图4-2-4 新议会大厦为中心的放射轴线
(图片来源:Google Earth)

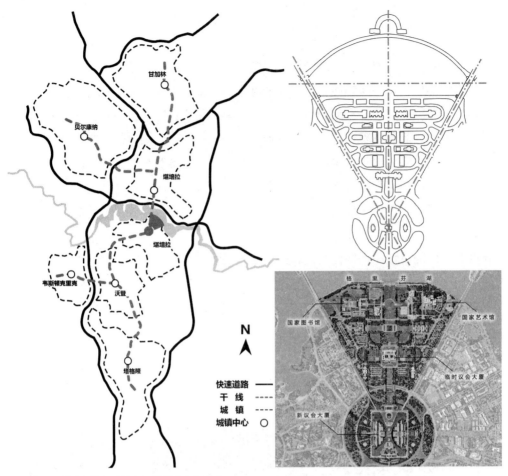

图4-2-5　轴线上中心建筑引导的城市布局示意
（图片来源：作者改绘）

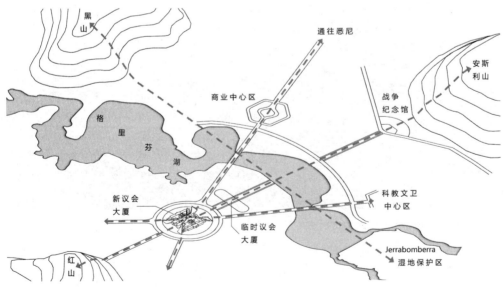

图4-2-6　新议会大厦与轴线及其上建筑的关系示意
（图片来源：作者改绘）

图4-2-7 安斯利山——红山的轴线延伸
（图片来源：网络）

图4-2-8 议会大厦入口
（图片来源：网络）

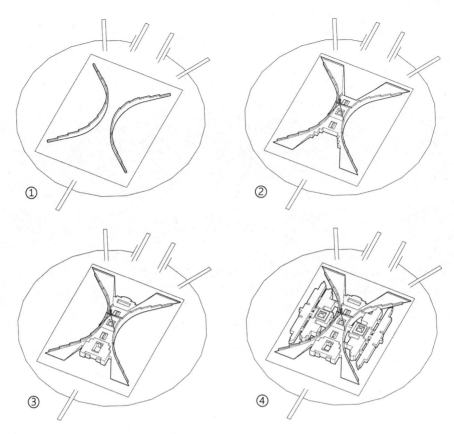

图4-2-9　新议会大厦逐步构成分析
（图片来源：作者改绘）

苏州东方之门

　　苏州园林闻名世界，东方之"门"寓意来源于园林中常用到的一种异形门——花瓶门。苏州城市中轴线从金鸡湖开始到中央公园，向后延伸至苏州老城，东方之门位于苏州工业园区CBD轴线的末端和苏州老城东侧东西中轴线之上，是苏州工业区双塔规划的核心建筑。以CBD轴线为中心基本对称的高达278米连体的门形双塔将CBD轴线引向金鸡湖，对整个城市起到很好的引导性和轴线延续的作用（图4-2-10~图4-2-14）。

图4-2-10 苏州东方之门

（图片来源：作者自摄）

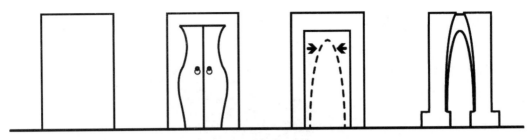

图4-2-11　形体来源分析

（图片来源：作者自绘）

图4-2-12　中心轴线引导

（图片来源：作者改绘）

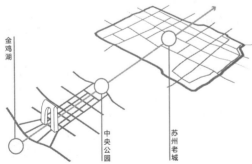

图4-2-13　中心建筑延续城市轴线

（图片来源：作者改绘）

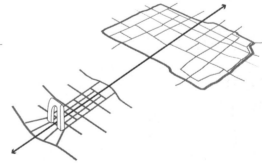

图4-2-14　轴线导向

（图片来源：作者改绘）

深圳市民中心

深圳市民中心位于深圳市中心轴线上，与其他公共空间和标志性建筑通过空间对位形成客观存在的"脉络"，共同营造出具有强识别性的城市景观轴线。

为了应对城市轴线的强化和延伸，首先，在城市轴线两侧生成对称形体；其次，在建筑上部叠加一块板，连接轴线两侧形体加强建筑统一性，两侧体块和上部的板围合成一个门洞，起到框景、集中视线的作用；最后，让中间抬起，两侧降低，形成曲面。

一方面使得中心感加强，另一方面使建筑整体舒展开来，避免形象呆板。以深圳市民中心为核心等统筹城市空间与活动发展的景观共同使南北轴线得到进一步延伸和完善，有助于建立山海公共廊道系统，实现中心区中轴线"山海连接"（图4-2-15～图4-2-18）。

图4-2-15 深圳市民中心
（图片来源：作者自摄）

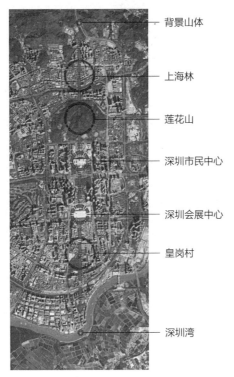

背景山体

上海林

莲花山

深圳市民中心

深圳会展中心

皇岗村

深圳湾

图4-2-16　中心轴线上建筑布局
（图片来源：作者改绘）

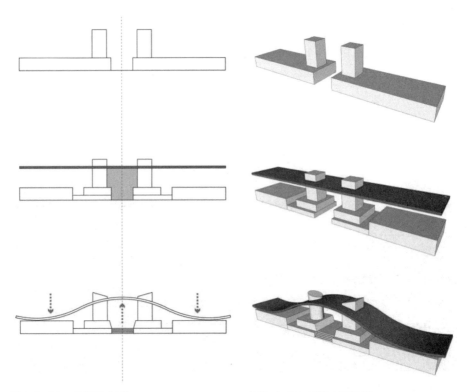

图4-2-17　对称强调轴线
（图片来源：作者改绘）

图4-2-18　形体丰富轴线
（图片来源：作者改绘）

4.2.2 轮廓线引导

"轮廓线"又名"外部线条"一般指一个对象与另一个对象之间、对象与背景之间的分界线。本书中指不同建筑物叠合组成的建筑剪影与建筑物所处背景环境之间的分界线，是欣赏城市景观和对城市"第一印象"最直接的表达（图4-2-19~图4-2-22）。

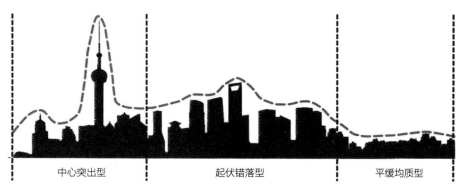

中心突出型　　　　　　起伏错落型　　　　　　平缓均质型

图4-2-19　天际线基本形态示意图
（图片来源：作者自绘）

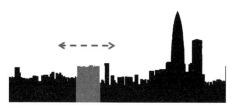

图4-2-20　延续均质化形态的引导
（图片来源：作者自绘）

图4-2-21　突出视觉中心型的引导
（图片来源：作者自绘）

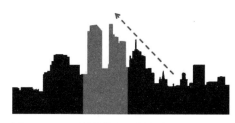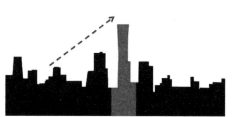

图4-2-22　延续韵律化形态的引导
（图片来源：作者自绘）

轮廓线引导的城市天际形态分为三种：平缓均质型、中心突出型和起伏错落型。

第一种，平缓均质型多出现在具有大规模古建构筑物的城镇中；为保持与人工环境（古建筑）之间均质化的内在联系，新建建筑在体量形态上的均质化处理融入原有环境中，延续原有的城市街区的空间竖向肌理形态。

第二种，中心突出型多出现在重要功能定位区域，建筑上其所处的均质或起伏错落型的天际线环境中，担负地标识别的重任，成为景观视域中统领地位，使建筑、空间环境与人融合成为一个有机整体从而加强城市整体意象。

第三种，起伏错落型则比较常见，新建建筑位于不同体量大小建筑所构成的人工环境所包围时所受限定，局部可有些许的创新之外，轮廓线总体上遵循韵律性的动势从而引导视线上下起伏，既呈现出了平缓均质型，又表现出中心突出型。

比利时生态邻里

比利时列日城对之前的工业区的生态社区改造。其地形周边有很多大小不一的山丘，邻里社区建筑参考邻近建筑物确定高度，建筑最高点对齐金融大楼，最低点对齐火车站，采用这种对齐手法，使新建建筑与其毗邻的金融塔和吉耶曼火车站产生动态的联系，同时对列日城市天际线起到修补作用（图4-2-23~图4-2-29）。

图4-2-23　比利时生态邻里生态社区
（图片来源：网络）

图4-2-24　高度分块依次有序下降
（图片来源：网络）

图4-2-25　顺势弥补天际线
（图片来源：网络）

图4-2-26　左侧金融大楼与右侧火车站之间高度呼应
（图片来源：网络）

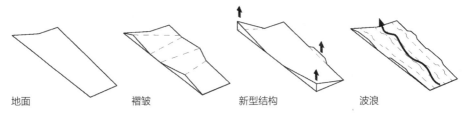

地面　　　　　　褶皱　　　　　　新型结构　　　　　波浪

图4-2-27　呼应山丘形态
（图片来源：网络）

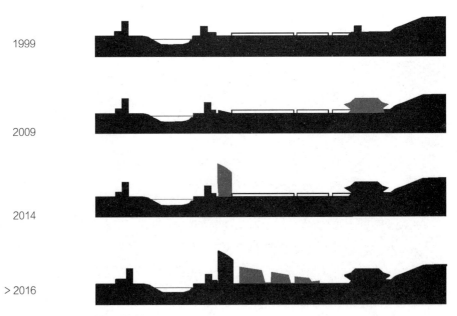

1999

2009

2014

＞2016

图4-2-28　建筑高度的视觉分析
（图片来源：作者改绘）

　　外部环境

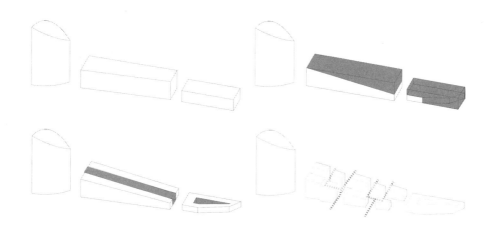

图4-2-29 高度平缓下降柔和线条
（图片来源：作者改绘）

龙山国务商务区住宅大楼

由BIG设计的位于韩国首尔龙山国际商业区的住宅大楼占地21000平方米。基地临近龙山区未来发展区域。建筑师设计了高度分别为214米和204米两栋塔楼。为满足基地的高度限制要求，整体体量中超出限高的两个部分被扭转成为横向连接，分别在70米和140米的高度上形成双塔之间的桥梁。同时双塔还通过地面层横桥以及绿地相互连接（图4-2-30～图4-2-34）。

图4-2-30 龙山国务商务区住宅大楼
（图片来源：网络）

图4-2-31　龙山国务商务区住宅大楼折断前天际线
（图片来源：作者改绘）

图4-2-32　龙山国务商务区住宅大楼折断后天际线
（图片来源：作者改绘）

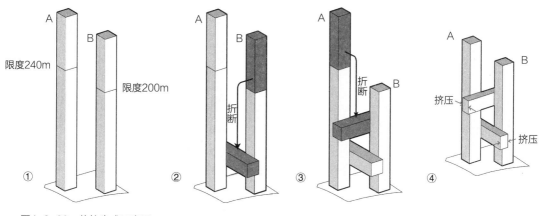

图4-2-33 体块生成示意图

（图片来源：作者改绘）

图4-2-34 屋顶绿化场景

（图片来源：作者改绘）

北密歇根大街875号——原约翰·汉考克中心

北密歇根大街875号，原约翰·汉考克中心，是全球首座综合功能大厦。因约翰·汉考克中心位于北密歇根大街的繁华区域，所以建筑较低楼层用作办公，较高楼层用作公寓。新建建筑整体形式上与周围方正建筑不同，呈现向上收分的梯形。与周围建筑构成的天际线相似向中间聚拢，新建建筑在自己本身的形势上也有所呼应（图4-2-35～图4-2-37）。

图4-2-35 项目鸟瞰，aerial view
（图片来源：网络）

图4-2-36 楼身渐收
（图片来源：网络）

图4-2-37 全球首座综合功能大厦北密歇根大街875号主导城市新中心地标建筑
（图片来源：网络）

如上图所示，照片中通过处理掉约翰·汉考克中心之后，建筑群体之间缺少中心引导，韵律感不强。而梯形形态的约翰·汉考克中心正好契合统领周边建筑，构成完整天际线（图4-2-38～图4-2-41）。

图4-2-38　照片隐藏处理约翰·汉考克中心后天际线
（图片来源：作者改绘）

图4-2-39　弥补中心空缺 引领周边建筑
（图片来源：作者改绘）

图4-2-40　照片隐藏处理约翰·汉考克中心后天际线
（图片来源：作者改绘）

图4-2-41　弥补中心空缺 引领周边建筑
（图片来源：作者改绘）

曼哈顿天际线

建筑师雅玛萨基设计的世界贸易中心大厦位于纽约市曼哈顿岛西南端，主体建筑由两座高411.5米的塔式摩天楼组成，曾是纽约市最高的摩天大楼。2001年9月11日的"9·11恐怖袭击事件"中，两座主体建筑被飞机撞击后坍塌，天际线的视觉中心消失后建筑群体高度大体相同，原有标志性的天际线形态也不复存在（图4-2-42～图4-2-44）。

图4-2-42 原世贸中心大厦
（图片来源：网络）

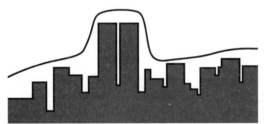

图4-2-43 原世贸中心大厦天际线中心突出
（图片来源：作者自绘）

图4-2-44 "9·11"事件后的曼哈顿
（图片来源：网络）

　　新建的世贸大厦一号楼被称为自由塔，由建筑师丹尼尔·里伯斯金设计，建筑高度541.3米，地上82层，地下4层。建筑面积241540平方米。它的建成重新弥补了原世贸中心双塔坍塌后天际线上留下的空缺，成为此处天际线的视觉中心，形成纽约的新符号，同时，其方形轮廓也表达了对原世贸大厦双子塔的纪念（图4-2-45～图4-2-47）。

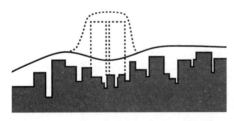

图4-2-45 "9·11"事件后的曼哈顿天际线转变平缓图
（图片来源：作者自绘）

图4-2-46 新的曼哈顿城市天际线
（图片来源：作者自绘）

图4-2-47　新建的世贸中心大厦
（图片来源：网络）

郑东新区CBD

　　由黑川纪章规划的郑东新区体现了生态、共生、新陈代谢、地域文化及环形城市等城市规划和设计理念。其中环形城市理念对城市建筑的分布、空间格局、城市天际线起到了关键作用。郑东新区CBD核心区，规划面积约3.45平方公里。围绕着如意湖，核心区中的河南艺术中心、国际会展中心和会展宾馆，分别在建筑形态、建筑体量和建筑高度三个方面起到了统领全局的作用。副中心布局由限高80米的内环建筑群及限高120米的外环建筑群组成，通过对副中心区内外两环建筑形体和高度的控制，形成错落有致、线条丰富的城市天际线（图4-2-48～图4-2-52）。

图4-2-48　郑东新区CBD1
（图片来源：网络）

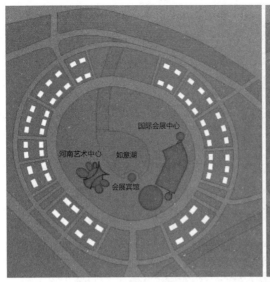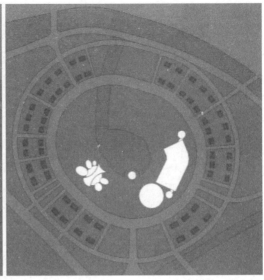

图4-2-49 郑东新区CBD各主要节点
（图片来源：作者自绘）

图4-2-50 郑东新区CBD2
（图片来源：作者自摄）

图4-2-51 统一高度
（图片来源：作者自摄）

图4-2-52 平缓轮廓
（图片来源：作者自摄）

4.2.3 交通避让

　　道路是满足通行的空间，对建筑的影响有两个方面：首先，满足道路组织的基本要求——关系合理，明确清晰，避免干扰，便捷通畅等；其次，考虑道路对环境的影响，如噪声、安全等负面因素。建造策略可分直接避让和道路连通。直接避让通过退界和抬升来解决道路交通环境问题。退界是将建筑的沿街面向距离道路更远的方向设置，从而使建筑与道路之间在红线划定的最小距离之外有更大的缓冲空间；抬升是部分体块上移，使底层满足交通。道路连通是建筑与道路之间形成包含与被包含关系，道路穿过建筑形体，甚至成为建筑的一部分。这种处理手法一般是将两侧的道路与建筑中央连接，使交通更加便捷合理（图4-2-53、图4-2-54）。

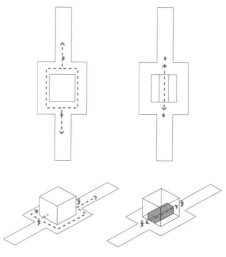

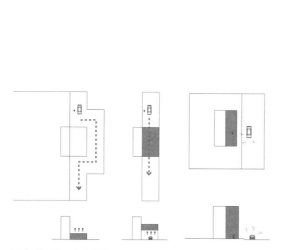

图4-2-53 直接避让
（图片来源：作者自绘）

图4-2-54 连通
（图片来源：作者自绘）

Hipark酒店

Hipark酒店位于巴黎北部的19区内,基地由多条道路围合而成三角形,东侧北侧为城市主要道路,西侧为轨道交通和高架路。由于用地条件限制,建筑师通过空间与技术上的处理,塑造出锥形形态从而最大化地利用空间。建筑东侧的下层空间微微内切,避让出消防通道,而损失的空间面积则通过西侧外倾的建筑形态置换回来。这种斜切的处理方式在一定程度上减少了两侧道路上车辆的噪声影响。Hipark酒店是通过顺应建筑基地的处理,进行交通避让的典型案例(图4-2-55~图4-2-60)。

图4-2-55　建筑轴测
(图片来源:网络)

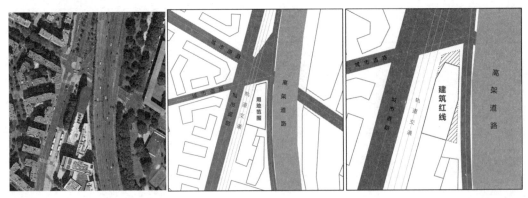

图4-2-56　基地用地边界以及道路避让
(图片来源:作者改绘)

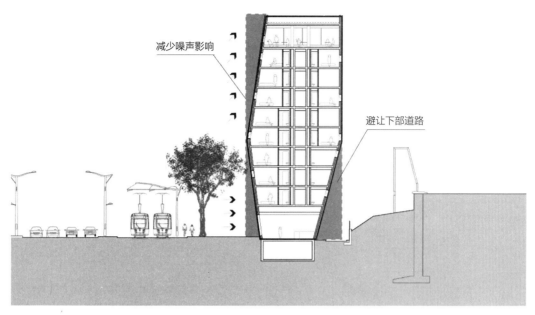

减少噪声影响

避让下部道路

图4-2-57　切面处理后部分避让
（图片来源：网络）

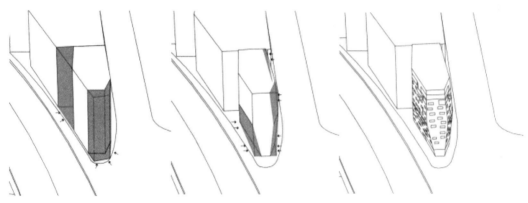

图4-2-58　顺应建筑基地处理
（图片来源：网络）

图4-2-59　东侧临高架道路
（图片来源：网络）

图4-2-60　基地北部避让处理
（图片来源：网络）

4　建筑外部环境相关设计手法　　117

韩国凸起酒店公寓/设计事务所GAON

建筑基地位于Hanam城边，在Changwoo-dong的汉江旁。周边道路被拓宽，导致场地形状十分不规则。这块场地与繁忙的街道之间没有任何屏障和过渡空间。

不规则基地面积123平方米，其中规整有效面积75平方米。为满足当地居民的道路通行，建筑整体向内部退让，并把入口通过体块削减的方式引入内部，满足周围行车需求（图4-2-61～图4-2-69）。

图4-2-61　凸起酒店公寓
（图片来源：网络）

图4-2-62　基地与道路关系
（图片来源：作者改绘）

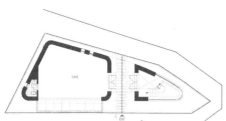

图4-2-63　建筑内部避让满足交通
（图片来源：作者改绘）

图4-2-64　建筑北立面临道路
（图片来源：网络）

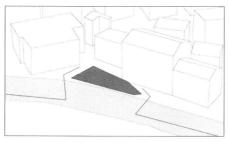

图4-2-65　基地
（图片来源：作者改绘）

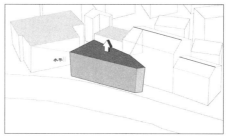

图4-2-66　抬起高度
（图片来源：作者改绘）

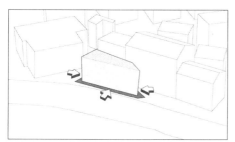

图4-2-67　向内退让
（图片来源：作者改绘）

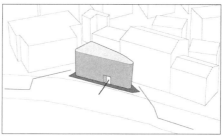

图4-2-68　人车分流
（图片来源：作者改绘）

图4-2-69　内部避让，对于基地锐角处建筑处理
（图片来源：网络）

丽泽SOHO

丽泽SOHO是北京丽泽金融商务区的枢纽，建筑位于东南二环和三环之间，紧邻丽泽快速路，地铁隧道将地块对角线切开，整个建筑也因此对道路进行避让，形成两个塔楼，塔楼之间是从上而下贯穿的中庭。机电和避难层的空中廊桥及双层隔热玻璃幕墙将两部分塔楼相连，使之成为一个紧密联系的整体（图4-2-70~图4-2-78）。

图4-2-70　丽泽SOHO全貌
（图片来源：网络）

图4-2-71　建筑内部旋转
（图片来源：网络）

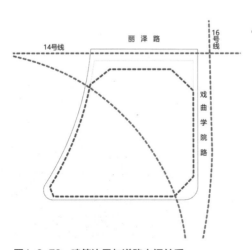

图4-2-72　建筑边界与道路之间关系
（图片来源：作者改绘）

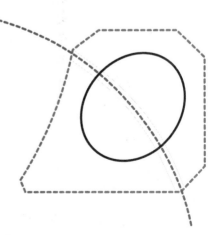

图4-2-73　道路交通穿插建筑内部
（图片来源：作者改绘）

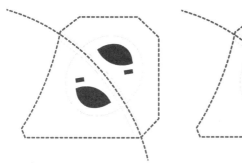

图4-2-74　主要形体构成
（图片来源：作者改绘）

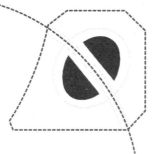

图4-2-75　建筑主要功能区域
（图片来源：作者改绘）

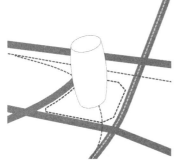

图4-2-76　建筑道路边界
（图片来源：作者改绘）

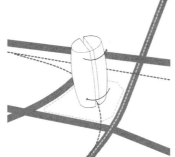

图4-2-77　旋转
（图片来源：作者改绘）

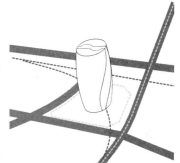

图4-2-78　和场地呼应
（图片来源：作者改绘）

简仓13号建筑/水泥配送中心

CIMENTS CALCIA水泥厂，位于Zac Rive Gauche地区大型开发区边缘。因场地上方的高架公路做出避让处理和工业建筑设计的特殊性，使得建筑设计中对车行流线有避让处理。建筑师在较低的高度空间内安排建筑功能，形成建筑、高架公路与场地的空间渗透（图4-2-79、图4-2-80）。

建筑避让高架公路，提供了满足城市交通的功能空间：地面上的物理控制中心，办公人员的停车场以及最主要的运输载货车的大型停车场地（图4-2-81、图4-2-82）。

建筑师在进行办公以及简仓空间的设计时，将办公区域抬升，在竖直空间中避让出场地内部的车行流线，使办公区域有更好的办公环境，视野宽阔。由于建筑高度远大于高架桥距地面的垂直高度，因此建筑师将这两个简仓置于场地的南侧，以避免高架的影响，还能让高架桥上的行车欣赏到城市雕塑。建筑局部体块被掏空，形成供货车通行的四条交通空间，被掏空的部分即是对于场地车行流线的避让处理（图4-2-83~图4-2-85）。

图4-2-79　水泥厂与道路关系
（图片来源：网络）

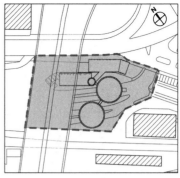

图4-2-80　建筑基地道路与建筑之间
的关系
（图片来源：作者改绘）

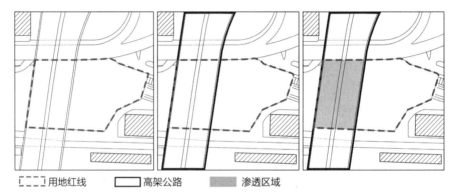

┌- - -┐ 用地红线　　☐ 高架公路　　▨ 渗透区域

图4-2-81　基地与高架桥之间关系
（图片来源：作者改绘）

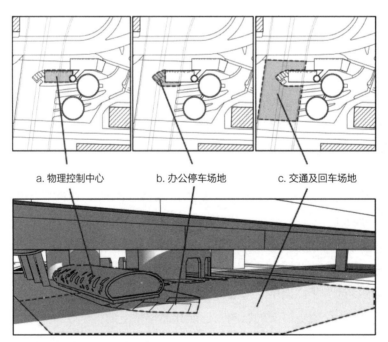

a. 物理控制中心　　　　b. 办公停车场地　　　　c. 交通及回车场地

图4-2-82　地下空间流动满足交通
（图片来源：作者改绘）

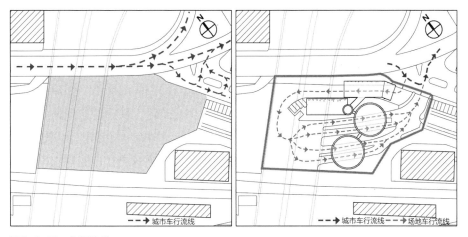

图4-2-83　车辆流线
（图片来源：作者改绘）

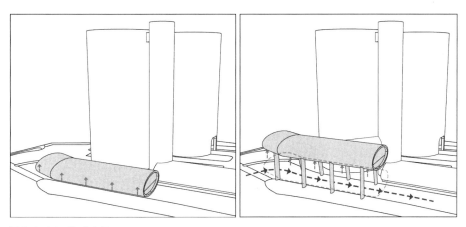

图4-2-84　抬升底部
（图片来源：作者改绘）

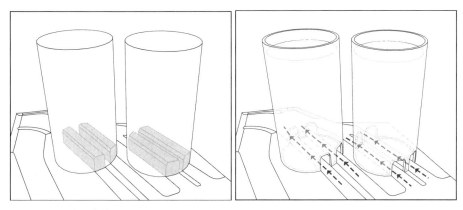

图4-2-85　交通穿过
（图片来源：作者改绘）

4　建筑外部环境相关设计手法　　123

汉鼎国际大厦

汉鼎国际大厦由JDS建筑事务所设计，位于杭州新天地。设计把周边交通作为建筑设计考虑的重点，强调建筑与场地外部空间的联系，形成门户塔楼的形象。根据场地周边交通条件，底部的交通避让，使得建筑形体在方形体块之下，形成一个线性的交通空间。为取得上下呼应，上部也采用这样的一种形态衍生方式。功能上，下半部分满足两侧人流的交往流通需求以及提供日常活动的公共休闲区域；上半部分创造一个舒适的办公环境，为办公环境引入充足的光照和丰富的景观视域（图4-2-86～图4-2-89）。

图4-2-86　汉鼎国际大厦
（图片来源：作者自摄）

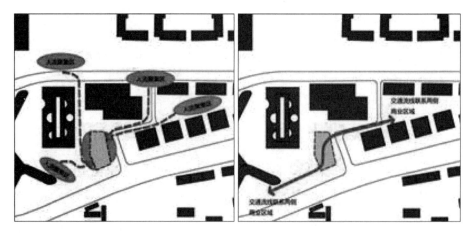

图4-2-87　基地关系
（图片来源：作者改绘）

图4-2-88　基地位置
（图片来源：作者改绘）

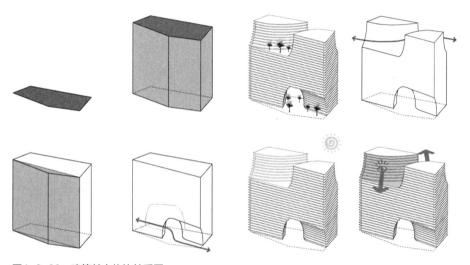

图4-2-89　建筑基本体块关系图
（图片来源：作者自绘）

东京写字楼

位于日本东京的京桥Edogrand大楼由一幢被保护修复的历史建筑（始建于1933年）和一幢超高层写字楼共同构成，集办公、商务、文化等功能为一体。新建筑有效地解决了该地区的多个城市发展问题，使土地利用满足时代发展的需求。特别是在对历史建筑进行保护修复的基础上，抬升超高层办公体块，在一层至二层区域设置向城市和街区开放的公共空间，连接南北两侧的街道，以交通避让的方式形成通畅的城市过道（图4-2-90～图4-2-93）。

图4-2-90 东京写字楼1
（图片来源：作者自摄）

图4-2-91 东京写字楼2
（图片来源：作者自摄）

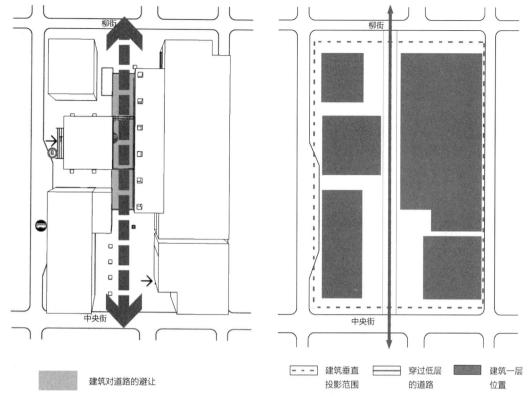

建筑对道路的避让

图4-2-92 道路避让1
（图片来源：作者自绘）

- - - 建筑垂直 投影范围 　　　穿过低层 的道路 　　　建筑一层 位置

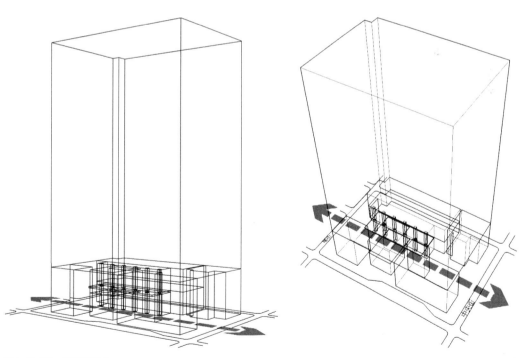

图4-2-93 道路避让2
（图片来源：作者自绘）

东京国际会议中心

东京国际会议中心位于千代田区繁华地带，东面与新干线及日本地铁干线擦肩，且在东南端有一个铁路站点，北面是东京城市干道，所处环境交通密集，车流人流量很大。建筑由两个相交的玻璃和钢的椭圆形幕墙围合成一个巨大的中央大堂，梭形的东面采用花岗石实墙，避开喧闹的立体交通系统，人们能够通过底层广场进入建筑内部，有效地利用了周围便利的交通（图4-2-94～图4-2-96）。

图4-2-94　东京国际会议中心1
（图片来源：作者自摄）

图4-2-95　东京国际会议中心2
（图片来源：作者自摄）

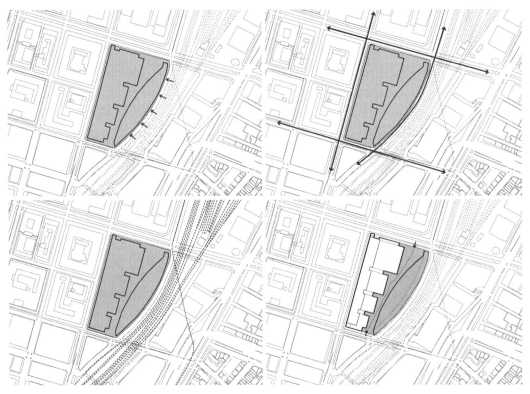

图4-2-96　基地关系图
（图片来源：作者改绘）

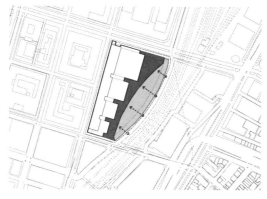

图4-2-96　基地关系图（续）
（图片来源：作者改绘）

4.2.4　边界顺应

城市的高速发展带来了许多正面结果，但随之而来，如退让红线、地表停车、建筑容积率等诸多行为规章的要求也让城市面临用地紧张的问题。因此，在进行新的建设时，灵活运用边界形态多样化的场地，充分提高城市土地利用率也是一个有效的方法。

边界指地区之间的界限。边界是一种线性元素，可以界定和联系不同范围和属性的区域。本书边界指基地的边缘形态，是设计过程基于场地层面考虑的因素之一。

顺应对象即为建筑所处基地的边缘界线，设计师根据场地的边界形态来进行建筑设计活动，将场地边界形态纳入到动态的设计过程中。

建筑所处场地的边界多变，可以是不同介质之间的界限。其具象存在的线性形态属性大致可以分为两种：直线形边界形态以及弧线形边界形态。这两种边界形态又可以交叉排列组成丰富多样化的基地形态。以直线作为基本的边界形态构成要素和以弧线作为基本构成要素。此外，还有两种形态的结合体，普遍以类扇形的形态存在。

边界不同，设计处理方式也是多变。一、显性顺应，无论单体建筑或群体建筑通过后退基地边界形态的方式，在平面上建筑边界与基地边界呈类平行的线性关联形式。二、隐性遵从，是由显性顺应衍变通过深层次的分析才能将其顺应的内在秩序了然（图4-2-97）。

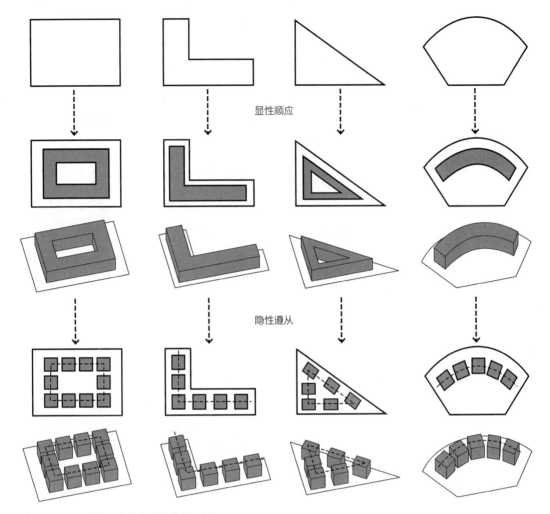

图4-2-97 显性顺应与隐性遵从的设计图示
（图片来源：作者自绘）

卢森堡住宅

场地紧邻市区内的弯曲街道，建筑师通过对每个弧形体块单元的退台错跌处理，使整体立面丰富且有韵律。形体间通过交错退跌在视线和采光上也得到空间避让。视线方面，处在每个弧形体块中南向房间的人，都能眺望远方的景色而不会被前一排的体块遮挡。采光方面，形体退跌所留出的空间朝南，满足功能上部分南向采光的需求（图4-2-98～图4-2-102）。

图4-2-98 卢森堡住宅
（图片来源：网络）

图4-2-99 基地分析
（图片来源：作者改绘）

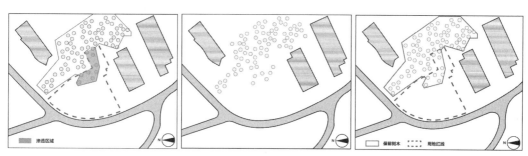

图4-2-100 提取要素
（图片来源：作者自绘）

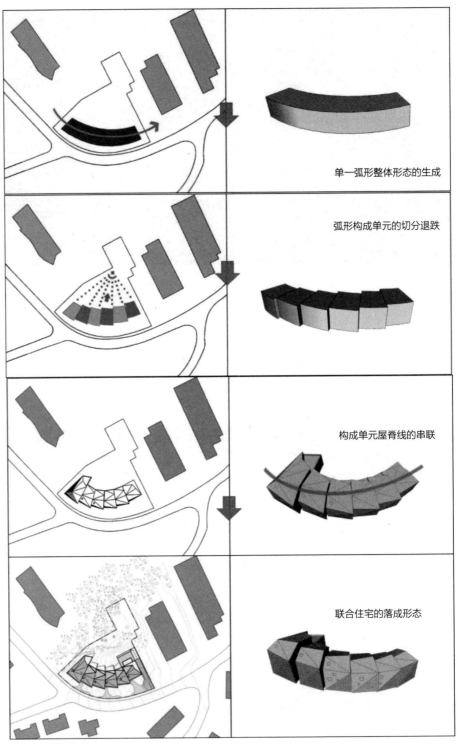

单一弧形整体形态的生成

弧形构成单元的切分退跌

构成单元屋脊线的串联

联合住宅的落成形态

图4-2-101 形体生成
（图片来源：作者自绘）

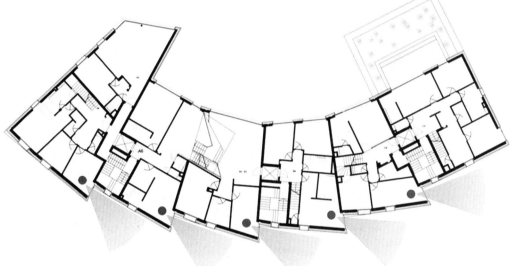

图4-2-102 视线分析

（图片来源：作者改绘）

21-21设计视野美术馆

美术馆坐落在赤坂东京城中城花园内，基地呈狭长的三角形，建筑平面顺应基地边界，三角形折板状的屋顶，三角形的幕墙，"三角形"的元素在建筑的每个角落均有体现（图4-2-103~图4-2-105）。

图4-2-103　21-21设计视野美术馆
（图片来源：作者自摄）

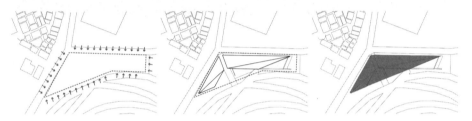

图4-2-104　平面生成
（图片来源：作者自绘）

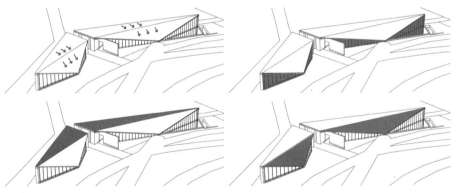

图4-2-105　形体生成
（图片来源：作者自绘）

UN City联合国办公大楼

联合国办公大楼坐落于人工海岛的梯形末端，建筑四面临海。"米"字形的建筑主体增加建筑与外环境的接触面积，使建筑有更好的采光与通风效果，也让在建筑中工作的人们有更好的景观视角。通过形体的切割组合，建筑主体和地形直接产生许多凹进的半围合空间，自然形成景观广场，临海的不同面都可以作为休闲和瞭望场所（图4-2-106～图4-2-111）。

图4-2-106　UN City联合国办公大楼1
（图片来源：网络）

图4-2-107　UN City联合国办公大楼2
（图片来源：网络）

图4-2-108 基地与形体
（图片来源：作者改绘）

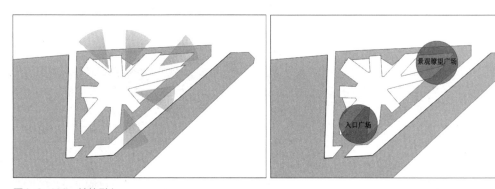

图4-2-109 地块融入
（图片来源：作者自绘）

图4-2-110 形体生成1
（图片来源：作者自绘）

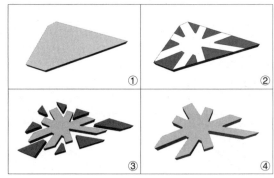

图4-2-111 形体生成2
（图片来源：作者自绘）

新加坡南洋理工大学学习中心

由Heatherwick Studio工作室设计建筑
的"蒸笼"形态来源于基地的平面形态,这
种设计是建立在对场地边界的顺应的基础
之上的,建筑体型由不同的异形椭圆单元
沿场地边界缩小一圈之后进行线性排列形
成。竖直方向上,将每层建筑自下而上逐
层扩展(图4-2-112~图4-2-115)。

图4-2-112 新加坡南洋理工大学学习
中心
（图片来源：网络）

图4-2-113 新加坡南洋理工大学学习中心
（图片来源：网络）

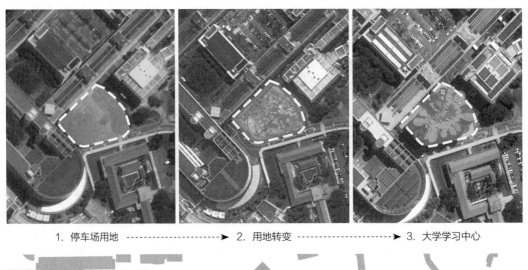

1. 停车场用地 ----------------→ 2. 用地转变 ----------------→ 3. 大学学习中心

场地形态 周边建筑肌理

图4-2-114　建筑与基地关系

（图片来源：作者改绘）

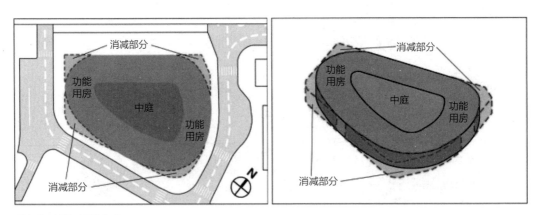

图4-2-115　形体生成

（图片来源：作者自绘）

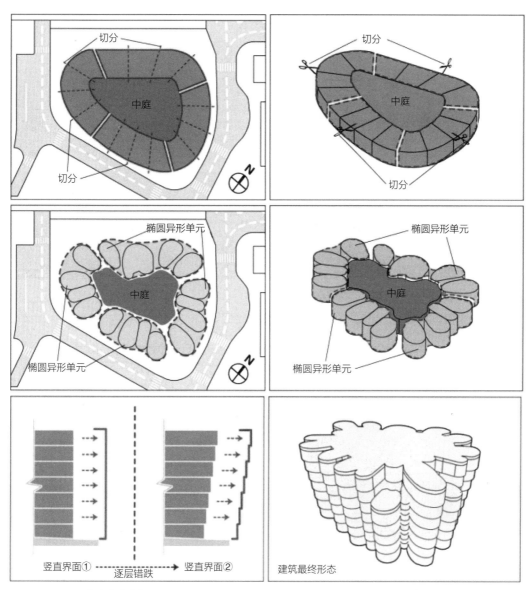

图4-2-115 形体生成（续）

（图片来源：作者自绘）

上海宝业中心

上海宝业中心是由零壹城市建筑事务所（LYCS Architecture）设计的。建筑紧邻红线以满足面积要求；通过体块的削减围合形成庭院以满足采光和公共空间需求；在体块向内错位形成的三个凹陷之处，设置了对外敞开的开口，将错位的部分抬高使地面层交通能够内外贯通（图4-2-116～图4-2-121）。

图4-2-116 上海宝业中心
（图片来源：网络）

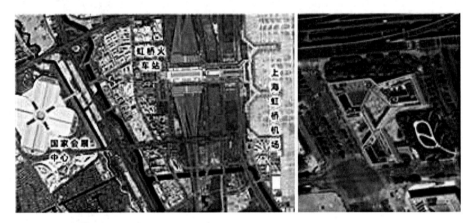

图4-2-117 总平面
（图片来源：作者改绘）

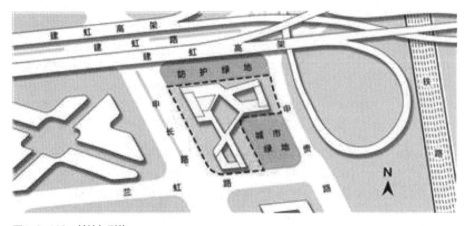

图4-2-118 基地与形体
（图片来源：作者改绘）

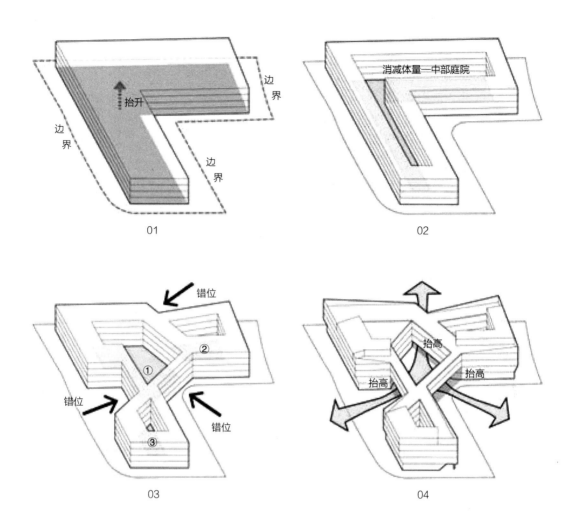

图4-2-119　形体生成1
（图片来源：作者自绘）

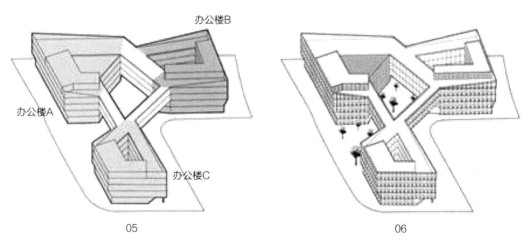

图4-2-120　形体生成2
（图片来源：作者自绘）

图4-2-121　上海宝业中心
（图片来源：网络）

Summers办公楼

这座办公楼位于阿根廷布宜诺斯艾利斯的巴勒莫区（Palermo）中心，提供了在南美热带地区温润气候中的新工作空间。建筑体量通过咬合变形，既能顺应地块边界，也融入了当地的建筑群（图4-2-122～图4-2-124）。

图4-2-122 Summers办公楼1
（图片来源：网络）

图4-2-123 Summers办公楼2
（图片来源：网络）

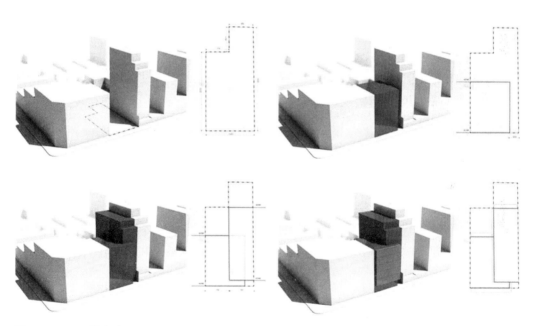

图4-2-124 形体生成
（图片来源：作者改绘）

中国体育彩票广西营销展示中心

中国体育彩票广西营销展示中心由华南理工大学建筑设计研究院第6工作室设计。建筑形态设计借鉴了山水画钩、勒、皴、擦、点的笔法，使体量渐渐漂浮突出于地面；依据功能要求和特性，将体块打开、围合，塑造出丰富的空间层次，实现建筑与环境的融合（图4-2-125～图4-2-129）。

图4-2-125　中国体育彩票广西营销展示中心1
（图片来源：网络）

图4-2-126　中国体育彩票广西营销展示中心2
（图片来源：网络）

图4-2-127　基地分析
（图片来源：作者改绘）

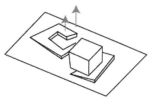

永不满足，追求卓越——更快，更高，更强，
走出一条蒸蒸日上的自我发展之路

建筑从基地中逐渐生发出来
体量悬浮于土地之上

得以开放底层空间
城市与湿地相互渗透、交融

植根于基层，不断发展，永远追求下一步

图4-2-128　概念生成
（图片来源：作者自绘）

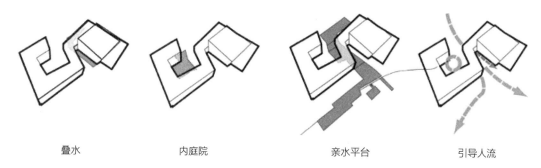

叠水　　　　　　　　内庭院　　　　　　　　亲水平台　　　　　　引导人流

图4-2-129　概念生成
（图片来源：作者改绘）

平托索托银行（Pinto & SOTTO MAIRO Bank）

在图4-2-133中，为避免单一实体建筑对前方广场形成压迫感，建筑体量逐级向广场方向A退台，形成台阶状。实体a设计成弧形，避开与老建筑墙面b的正面交接，以此让出部分空间，使城市空间中的视线更加通透。街道墙面c与老建筑d外立面平齐，顺应周围边界，体现出室内外界面的延展性，形成连续感（图4-2-130～图4-2-132、图4-2-134）。

图4-2-130 平托索托银行所处居民中心
（图片来源：网络）

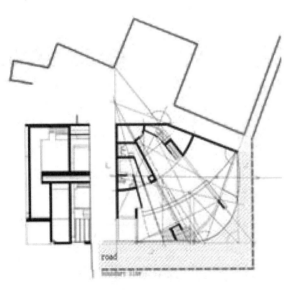

图4-2-131 显性顺应道路边界
（图片来源：作者改绘）

146 外部环境

图4-2-132 弧形玻璃幕墙边界带来通透的视觉体验
（图片来源：网络）

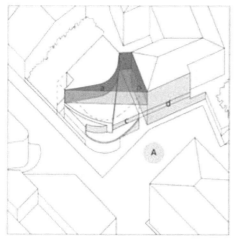

图4-2-133 银行体量与周围边界分析
（图片来源：作者自绘）

图4-2-134 室内外界面的延展性
（图片来源：网络）

4.3 建筑与人文环境

4.3.1 主体隐化

荷兰建筑师维尔·阿雷兹曾言："我们希望我们的建筑能与周围的建筑协调一致，同时保持灵活性并给未来的变化留有余地。"[1]这里包含了当代建

---

① 蒋鑫，仲德崑. 建筑形态地景化的结构形态策略 [J]. 城市建筑，2008（5）：7-8.

筑设计的两个核心问题：一是通过适当的建筑设计手法将建筑空间隐匿于周边环境之中；二是建筑设计的可持续性。

针对建筑空间如何隐匿于环境之中的具体做法，本书综合相关设计案例，梳理出"主体隐化"的设计手法。该设计手法可细分为各方面：一是完全隐藏；二是形体弱化。

1．完全隐藏

完全隐藏的设计手法是一种为了找到人工和环境和谐共处的策略，通过消隐自身的体量，使形体消解在周围的环境中。这种设计手法源自于斯坦·艾伦提出的场域理论，表现形式超越以往掩土建筑、覆土建筑单纯在形态上的操作，进一步模糊了建筑与环境之间的界限，建筑与环境没有主次之分，更加关注建筑形态和大地之间的关系，场域的边界不再单纯依赖垂直的界面"建筑墙体"，把建筑形体隐藏于环境中。[①]

完全隐藏设计手法的主要表现形式为：一是将建筑完全藏于地下，这种方式常见于新建建筑，通过这种方式来延续参观者的视线，如安阳殷墟博物馆（图4-3-1）；二是通过视线的遮挡，达到体量消隐的目的，这种方式常见于加建建筑，通过这种方式将加建的新建筑隐藏在既有建筑之中（图4-3-2）。主要应用于城市形象较为统一，城市结构相对完整的区域。新建筑为了不与现存城市面貌产生冲突，弱化甚至取消建筑外在视觉表现，从而突出原有环境特征。

图4-3-1　完全隐藏示意图——殷墟博物馆
（图片来源：作者自绘）

图4-3-2　西班牙阿斯图里亚斯艺术博物馆
（图片来源：网络）

---

① 熊玮. 斯坦·艾伦的场域理论研究初探 [J]. 建筑与文化，2019（7）：49-50.

丹麦国家海事博物馆

丹麦国家海事博物馆位于赫尔辛格，毗邻丹麦最重要的建筑之一——卡隆堡宫。博物馆处于历史环境要素中，建筑师通过弱化体块的存在感，将建筑整体隐藏于地面之下，减少了对重要历史环境的视觉影响，展区空间全部设置在地下，将原有船坞转化为新建筑的中央采光庭院和室外活动开放区。船坞为地下空间提供了空气与阳光，吸引着游客有序地进入各个展区（图4-3-3~图4-3-8）。

图4-3-3　丹麦国家海事博物馆实景图
（图片来源：网络）

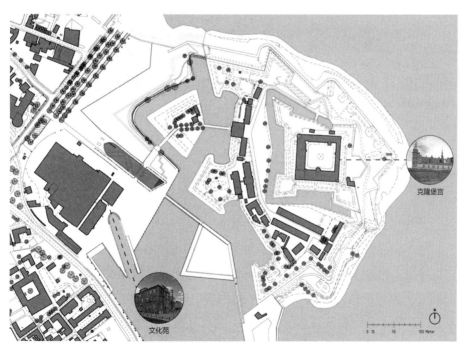

图4-3-4　博物馆与周边建筑区位图
（图片来源：作者改绘）

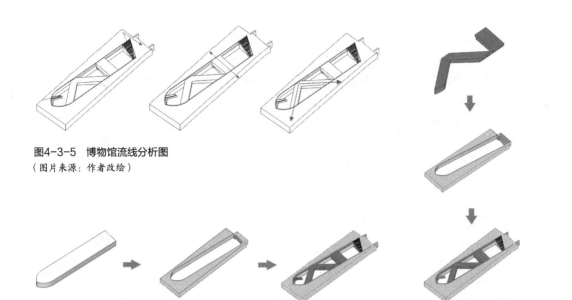

图4-3-5 博物馆流线分析图
（图片来源：作者改绘）

图4-3-6 博物馆体块分析图
（图片来源：作者改绘）

图4-3-7 建筑功能置入图
（图片来源：作者改绘）

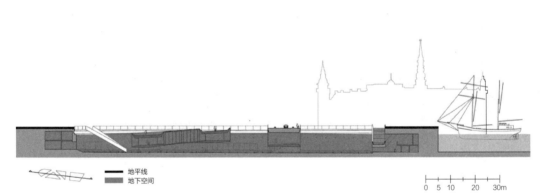

地平线

地下空间

0 5 10 20 30m

图4-3-8 博物馆空间分析图
（图片来源：作者改绘）

法国Rivesaltes军营纪念馆

Rivesaltes军营纪念馆由建筑师Rudy Ricciotti和Passelac & Roques设计。建筑被军营遗迹围绕。这栋面积4000平方米的长方形新建建筑，以灰黄色的混凝土为主要材料，"隐身"于基地的沟槽之中，只有建筑的顶部微微升起于地面，除了还原建筑西侧部分营房，建筑师未对周边的环境做任何改变，保持其原有的模样，将建筑完全隐藏在环境中（图4-3-9～图4-3-14）。

图4-3-9 法国Rivesaltes军营纪念馆实景图
（图片来源：网络）

图4-3-10 法国Rivesaltes军营纪念馆鸟瞰图
（图片来源：网络）

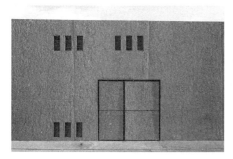

图4-3-11 赭色混凝土实体
（图片来源：网络）

图4-3-12 露台处透视图
（图片来源：网络）

图4-3-13 法国Rivesaltes军营纪念馆区位图
（图片来源：网络）

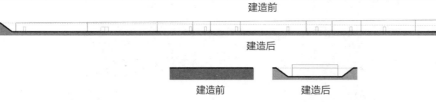

建造前

建造后

建造前   建造后

图4-3-14　建造前后对比图
（图片来源：网络）

纽约隐形公寓

隐形公寓位于纽约一个密集的街区，周边矗立着很多历史建筑。必须谨慎地处理好新建筑与历史建筑之间的关系，建筑师通过视觉分析，巧妙地处理建筑屋顶的倾斜角度及组合关系，不仅创造出曲折复杂的屋顶形态，而且由三个投影形成的"重影"成为加建范围，来遮掩新增建筑体块，使得建筑能够隐形于环境中（图4-3-15～图4-3-19）。

图4-3-15　纽约隐形公寓鸟瞰图
（图片来源：网络）

图4-3-16 纽约隐形公寓实景图
（图片来源：网络）

图4-3-17 公寓与周边建筑区位图
（图片来源：作者改绘）

图4-3-18 屋顶生成逻辑图
（图片来源：作者改绘）

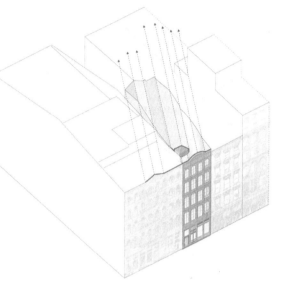

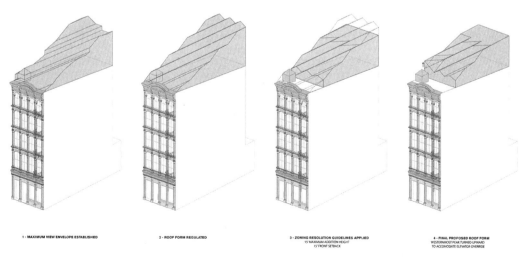

1 - MAXIMUM VIEW ENVELOPE ESTABLISHED   2 - ROOF FORM REGULATED   3 - ZONING RESOLUTION GUIDELINES APPLIED
15' MAXIMUM ADDITION HEIGHT
15' FRONT SETBACK   4 - FINAL PROPOSED ROOF FORM
WESTERNMOST PEAK TURNED UPWARD
TO ACCOMODATE ELEVATOR OVERRIDE

图4-3-19 屋顶形体演变图
（图片来源：网络）

2．形体弱化

形体弱化的设计手法是将建筑内部与外部环境的关系模糊化，以此达到隐藏建筑的目的。本文中模糊边界的手法主要是延续地表或者使用透明的材质。延续地表手法（图4-3-20）是将城市的原有地表掀开将新建筑容纳其中，再重构成为新地表。并且新地表通常会采用与周边环境相同的肌理，形成连续性，从而完成消隐的目的。使用透明材质的手法（图4-3-21）是将建筑的边界虚化模糊，空间上分隔，但视觉上却保持连续性，以达到弱化的作用。

图4-3-20　延续地表设计手法示意简图
（图片来源：作者自绘）

波兰什切青国家博物馆

波兰什切青国家博物馆在空间上与周围环境形成两种形式的渗透。横向空间上，博物馆的体块形成的两条曲线将街道和广场、音乐厅和教堂联系在一起，使博物馆融进周围空间之中。纵向空间上，一层部分作为入口大厅而面积更大的展览区域则渗透进地下空间。设计师选择了单一的灰白色混凝土材质覆盖全局每一个角落，使建筑与周边环境更为统一完整（图4-3-22～图4-3-33）。

图4-3-21　分层画廊实景图
（图片来源：网络）

图4-3-22　Solidarności广场西北角实景图
（图片来源：《博物馆、地方文脉与全球语境》）

图4-3-23 博物馆与周边建筑实景图1
（图片来源:《博物馆、地方文脉与全球语境》）

图4-3-24 博物馆与周边建筑实景图2
（图片来源:《博物馆、地方文脉与全球语境》）

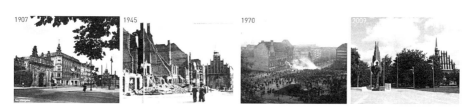

图4-3-25 博物馆基地历史延革图
（图片来源:《博物馆、地方文脉与全球语境》）

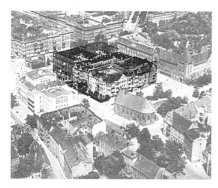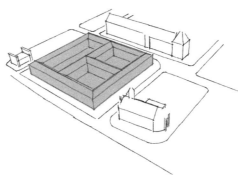

图4-3-26 博物馆基地概况图
（图片来源: 作者改绘）

4 建筑外部环境相关设计手法　　155

图4-3-27 博物馆基地概况图
（图片来源：作者改绘）

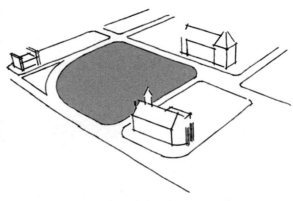

图4-3-28 博物馆基地区位图
（图片来源：作者改绘）

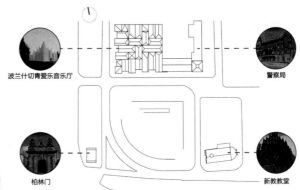

图4-3-29 博物馆周围建筑分布图
（图片来源：作者改绘）

波兰什切青爱乐音乐厅

警察局

柏林门

新教教堂

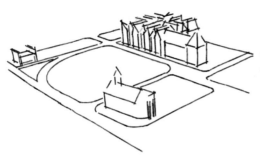

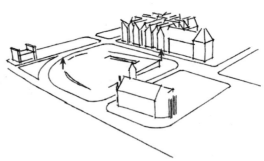

图4-3-30 博物馆对角空间抬升对比图
（图片来源：作者改绘）

图4-3-31 音乐厅与教堂空间对话图
（图片来源：作者改绘）

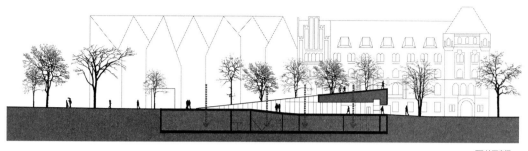

■ 地下空间
◀▪▪ 纵向渗透方向

图4-3-32 博物馆纵向空间渗透图
（图片来源：作者改绘）

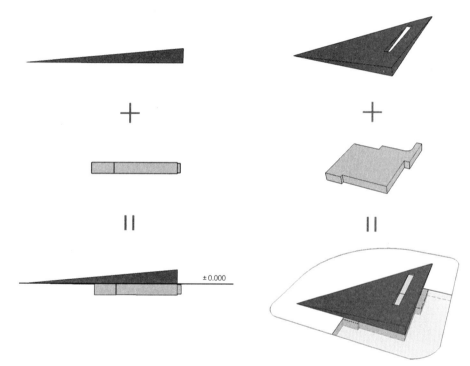

± 0.000

图4-3-33 博物馆体块纵向渗透分析图
（图片来源：作者自绘）

丹麦岩体博物馆

丹麦岩体博物馆由BIG设计，位于丹麦瓦德，以第二次世界大战历史背景为设计元素。整个建筑包含四个独立的体块，深嵌于周边的山丘之中。建筑体量的消隐与厚重的碉堡形成对比，也与山丘形成隐形呼应。这种设计手法，将博物馆体块隐于山丘之中，屋顶覆以植被，弱化现代建筑的存在感，强化历史环境氛围（图4-3-34～图4-3-42）。

图4-3-34　建筑实景图1
（图片来源：网络）

图4-3-35　建筑实景图2
（图片来源：网络）

图4-3-36　建筑实景图3
（图片来源：网络）

图4-3-37　建筑实景图4
（图片来源：网络）

历史博物馆

琥珀博物馆

特殊展厅画廊

碉堡博物馆

图4-3-38　博物馆四个展区的形态与组合方式
（图片来源：作者自绘）

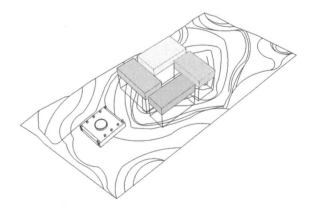

图4-3-39　体块置入图
（图片来源：作者自绘）

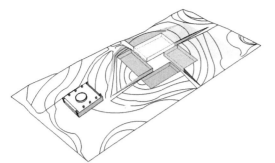

图4-3-40 体块与坡体的结合
（图片来源：作者自绘）

图4-3-41 碉堡博物馆现状图
（图片来源：作者自绘）

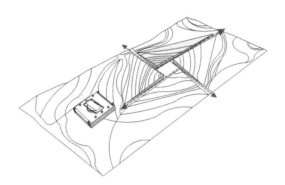

图4-3-42 博物馆交通流线图
（图片来源：作者自绘）

分层画廊

　　分层画廊位于伦敦市中心，面积不大却很有特点，它依附在一座五层高的二级保护建筑上。为了达到设计目的，建筑师设计了一系列屏幕来打造分层效果。如图4-3-50所示，建筑立面由依次向内的结构框、玻璃屏、红色百叶窗和内侧的玻璃屏组成。外两层屏幕上的开口打造一幅精致的立面，强调室内与室外空间的关系。设计师利用几层钢结构模拟树随天气变化而产生光影变化的分层效果。这也与外部的植物产生联系，使画廊隐身在身旁的历史建筑中，弱化自己的存在感（图4-3-43～图4-3-50）。

图4-3-43 画廊实景图1
（图片来源：网络）

图4-3-44 画廊实景图2
（图片来源：网络）

图4-3-45 画廊实景图3
（图片来源：网络）

图4-3-46 画廊区位
（图片来源：作者改绘）

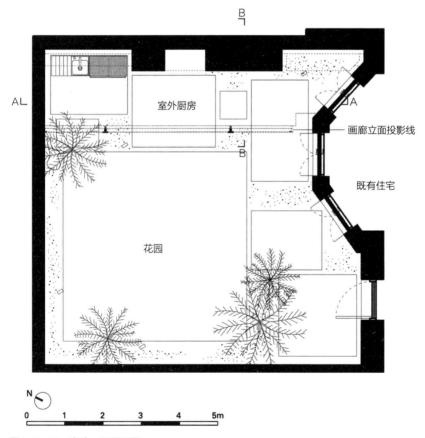

图4-3-47 庭院一层平面图
（图片来源：作者改绘）

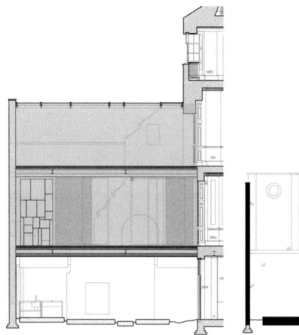

图4-3-48　A-A剖面图
（图片来源：作者改绘）

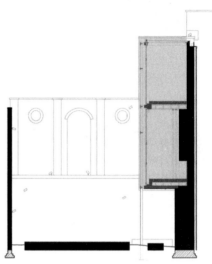

图4-3-49　B-B剖面图
（图片来源：作者改绘）

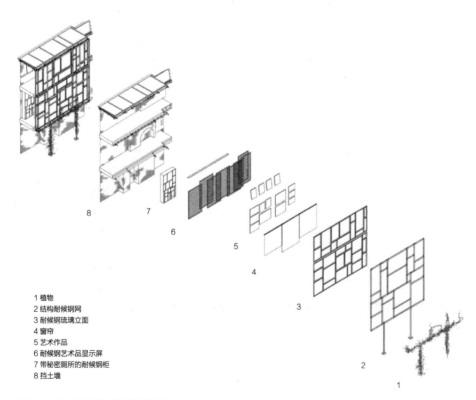

1 植物
2 结构耐候钢网
3 耐候钢琉璃立面
4 窗帘
5 艺术作品
6 耐候钢艺术品显示屏
7 带秘密厕所的耐候钢柜
8 挡土墙

图4-3-50　画廊拆分轴测分析图
（图片来源：网络）

朗香教堂修道院

朗香教堂扩建工程包括一个游客中心和一个小修道院和一个讲道院，由意大利建筑师伦佐·皮亚诺和法国景观设计师米歇尔·科拉琼德共同设计。扩建项目位于靠近教堂的斜坡下，难以从教堂察觉。以尊重原有教堂价值为前提，在景观中形体弱化。切入山坡，切口大多隐藏于地下，避免与原教堂冲突，同时打开景观（图4-3-51~图4-3-55）。

图4-3-51　实景图1
（图片来源：Ronchamp Gatehouse and Monastery）

图4-3-52　实景图2
（图片来源：Ronchamp Gatehouse and Monastery）

图4-3-53　视线遮蔽示意图
（图片来源：作者改绘）

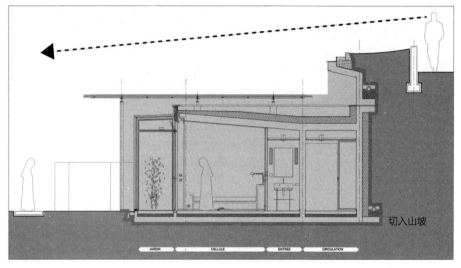

图4-3-54　视线遮蔽与建筑单元切入图
（图片来源：作者改绘）

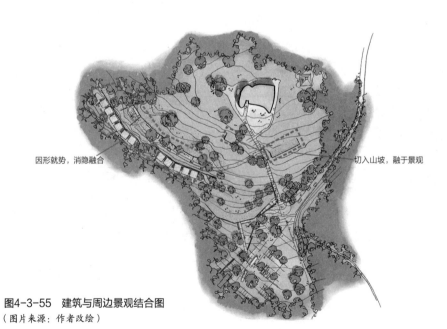

图4-3-55　建筑与周边景观结合图
（图片来源：作者改绘）

　　外部环境

4.3.2 新旧并置

在历史环境中设计新建建筑，必然对建筑师提出更严苛、更特殊的要求。建筑师不仅需要处理好建筑的功能、形态、结构等基本问题，更要深入思考如何建立新建筑与周边历史环境之间的联系，如何从历史环境要素的特质中挖掘到能够发展新的建筑形式的"基因"，使它具有新颖的表现力。如里伯斯金设计的安大略博物馆将新旧两部分进行嵌合，构成强烈的对比又融为一体（图4-3-56）。

针对新建、重建、加建建筑如何与周围的历史环境相融合的问题，本书提出新旧并置的设计手法。新旧并置的设计手法分为两点：一是形质融合；二是基调分化。

图4-3-56　安大略博物馆
（图片来源：网络）

1. 形质融合

利用形质融合的设计手法处理处在历史环境中的新建筑，即在两栋不同时期的建筑之间创造出和谐连贯的视觉关系，加强细部间的联系，使新建筑具有老建筑的历史文脉特征。处于历史环境中的新建筑，可以通过借鉴传统建筑的风格、形制、色彩、材质、细部做法、装饰母题等，传递遗存的历史文化信息，表达更深层的文化内涵（图4-3-57）。

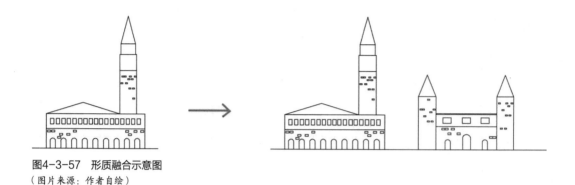

图4-3-57 形质融合示意图

（图片来源：作者自绘）

丹麦里伯教区议会中心

　　丹麦里伯教区议会中心是一座Ribe教区地方议会的新建建筑，建在Ribe广场上教区总教堂的对面。场地内保留着丹麦古代遗迹。建筑师将遗迹与展厅结合，传达场地的文化历史意蕴。整个建筑由一个长方形的体量和一个由遗迹上方的柱子支撑的斜屋顶组成。建筑体块的东部与广场相邻，整个建筑尺度及屋顶的斜度则与广场周边的建筑类似，在形体上与周围建筑环境融合；建筑的上半部分被特制的红棕色立面瓦片覆盖，与这座城市及该地区的砖石房相互呼应，材质与建筑周围环境相融合（图4-3-58～图4-3-68）。

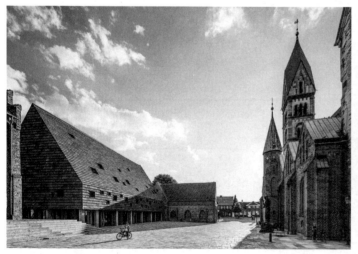

图4-3-58 建筑砖石立面

（图片来源：网络）

图4-3-59 建筑实景图1

（图片来源：网络）

图4-3-60　建筑周围实景图
（图片来源：网络）

图4-3-61　建筑实景图2
（图片来源：网络）

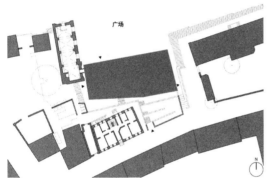

图4-3-62　总平面图
（图片来源：作者改绘）

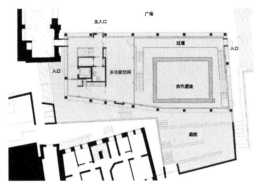

图4-3-63　底层平面图
（图片来源：作者改绘）

图4-3-64　一层平面图
（图片来源：网络）

图4-3-65　二层平面图
（图片来源：网络）

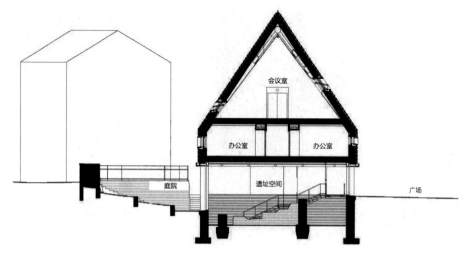

图4-3-66 剖面图
（图片来源：网络）

图4-3-67 建筑斜屋面与周围建筑屋面图
（图片来源：作者自绘）

图4-3-68 建筑立面红砖拼接形式图
（图片来源：作者自绘）

雅各布工作室

大卫·奇伯菲尔德建筑师事务所设计的雅各布工作室位于德国西部帕德博恩小镇。原有建筑是一座建于17世纪的修道院，该改建工程试图建立历史元素之间的对话。建筑师拆除了第二次世界大战之后的扩建部分，保留了东侧的主体建筑、立面和天花板，呈现最初的修道院历史遗迹，延续整体建筑群的时代记忆。在原有建筑形象的基础上添加现代建筑空间。新建建筑的色彩、材质、体量、尺度也沿用了原有建筑的相关特质。新旧建筑既有呼应，也有对比，自然而然地建立了历史对话（图4-3-69～图4-3-73）。

图4-3-69 雅各布工作室实景图

（图片来源：网络）

图4-3-70 工作室总平面图

（图片来源：网络）

图4-3-71 工作室剖面图

（图片来源：网络）

图4-3-72 工作室与小镇的空间关系

（图片来源：网络）

图4-3-73 工作室内院

（图片来源：网络）

2．基调分化

一些建筑师在历史环境中设计新建筑，会采取大胆的对比性策略，通过这种方式使新旧建筑形成对话。新旧建筑风格方面的对比，包括造型对比，体型轮廓线对比，材料、质感对比等。这种新旧建筑风格之间对比强烈（图4-3-74），我们称之为基调分化。

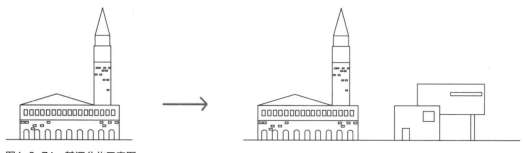

图4-3-74 基调分化示意图
（图片来源：作者自绘）

例如柏林犹太人博物馆旧馆与新馆由一条虚空中轴线贯穿，旧馆为巴洛克风格，而铁皮覆盖的新馆如同一支分裂的箭直接插入场地之中，新老建筑形成强烈的对比（图4-3-75）。

位于日本东京银座的交询社大楼始建于1929年，于2004年完成重建工程。新建筑以"经典与现代"为理念，以传统文化要素为基础，希望为银座注入新风尚。建筑整体形态为简洁明快的"玻璃盒子"，在立面通过局部保留的方式展示了历史建筑的哥特式建筑风格遗迹，建筑师也对承载建筑历史文化的重要空间，如一层室内入口区域及其装饰实施了保护性再生利用。新旧建筑之间形成了并置对比，共同展示着这一地段的历史与活力（图4-3-76）。

图4-3-75 德国犹太人纪念馆实景图
（图片来源：网络）

图4-3-76　东京交询社大楼
（图片来源：作者自摄）

新雅典卫城博物馆

由伯纳德屈米设计的新雅典卫城博物馆对建筑师提出了严峻的挑战，这是一个极具历史意义的地段，基地位于雅典卫城的山脚下，需要保护和利用好珍贵的出土文物，建立与帕提农神庙等历史遗产的对话关系。

建筑师通过底层架空的方式围合保护历史遗迹，使这一历史空间自然地融入周边环境；遗址之上的展览空间则采用了现代建筑材料和空间形态；在建筑的顶部设置玻璃盒子，为展厅提供了天然光线。这一"三段式"的空间构成方式呼应了帕提农神庙所代表的古希腊经典建筑的结构形式。站在顶层的玻璃盒子内，可以远望雅典卫城。新旧建筑在材质、体量、构造等方面形成鲜明对比，却又建立了良好的对话关系（图4-3-77~图4-3-80）。

图4-3-77　新雅典卫城博物馆遗址空间
（图片来源：作者自摄）

图4-3-78　新雅典卫城博物馆外观
（图片来源：作者自摄）

图4-3-79　从新博物馆眺望雅典卫城
（图片来源：作者自摄）

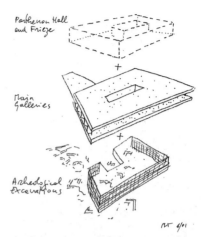

图4-3-80　新雅典卫城博物馆"三段式"
（图片来源：网络）

罗马考古基地保护所

卒姆托设计的罗马考古基地保护所，是一座直接建在遗址上的建筑。保护遗址被木柱、木梁、木百叶构筑的外壳覆盖，通过这一自然材料的天然特性和别具匠心的构造处理，形成了历史与现代的衔接。在建筑内部，建筑师通过一座飞架在废墟之上的钢桥来与遗址进行联系，游客通过桥梁进入室内，跟随桥梁建立的路径观赏古遗址，桥梁成为沟通新建建筑与古老遗址的媒介。在这一设计案例中，建筑师既通过构筑木质外壳使建筑自然地融入历史环境，形成基调融合，又通过使用钢材建立新旧空间并置对比，形成基调分化（图4-3-81~图4-3-86）。

图4-3-81　建筑实景图
（图片来源：网络）

图4-3-82 建筑与周围环境的融合
（图片来源：作者改绘）

图4-3-83 与环境融合的木百叶
（图片来源：网络）

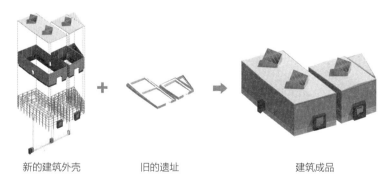

新的建筑外壳   旧的遗址   建筑成品

图4-3-84 建筑的新旧并置
（图片来源：作者自绘）

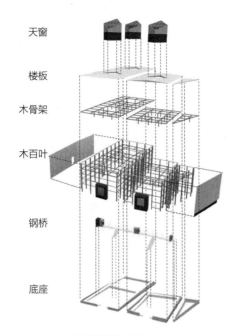

天窗

楼板

木骨架

木百叶

钢桥

底座

图4-3-85　建筑的围护结构
（图片来源：作者自绘）

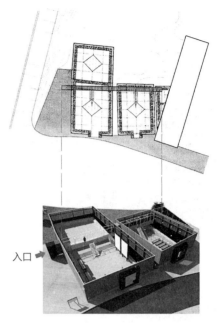

入口

图4-3-86　参观流线
（图片来源：作者自绘）

胡同茶舍

　　胡同茶舍位于北京旧城胡同街区内，平面呈"L"形。建筑师在原有建筑的屋檐下加入"曲廊"，将分散的建筑整合为一体，创造出新旧共生、室内外融合的空间。曲廊空间轻盈、透明，与原有建筑厚重、封闭形成鲜明对比。曲廊的玻璃幕墙映射着原有建筑和竹林，新老建筑材质不同，基调分化，但正是新的材质的使用和空间的穿插，使新旧共生，让历史重现（图4-3-87 ~ 图4-3-92）。

图4-3-87　胡同茶舍实景图1
（图片来源：网络）

图4-3-88　胡同茶舍实景图2
（图片来源：网络）

图4-3-89 胡同茶舍实景图3
（图片来源：网络）

图4-3-90 胡同茶舍实景图4
（图片来源：网络）

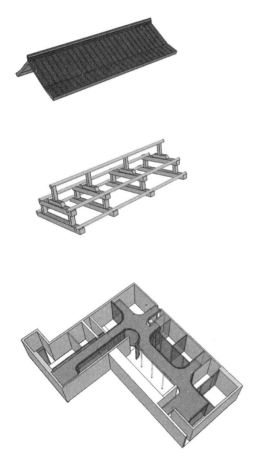

图4-3-91 曲廊体块置入图
（图片来源：作者自绘）

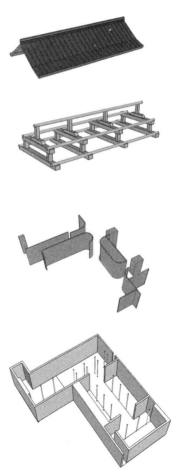

图4-3-92 胡同茶舍新旧体块并置图
（图片来源：作者自绘）

圣弗朗索瓦修道院

圣弗朗索瓦修道院的修缮及扩建项目由Amelia Tavella建筑事务所设计，该项目位于法国科西嘉岛，基地位于高地之上，直面连绵的山体，可俯瞰整个村落，修道院建于1480年，已废弃多年，部分空间已残损。建筑师以"回归废墟"为理念，保留了原有遗迹，在扩建部分以铜制材料替代残损的空间，并模仿屋顶轮廓、拱形门洞以及原有体量、尺度，新旧建筑整合为一体。通过巧妙的处理，扩建部分不仅以细腻、通透的质感反射、过滤光线，而且以现代建筑语言呼应着周边自然环境的壮美和历史遗迹的厚重（图4-3-93～图4-3-96）。

图4-3-93　圣弗朗索瓦修道院与周边环境
（图片来源：网络）

图4-3-94　改建部分与历史遗存的并置对比
（图片来源：网络）

图4-3-95　修道院外观
（图片来源：网络）

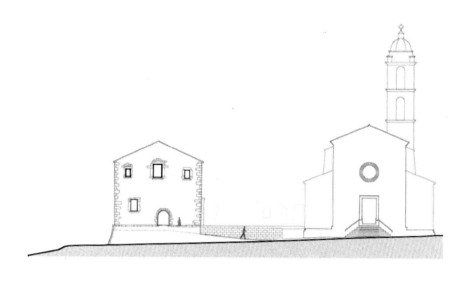

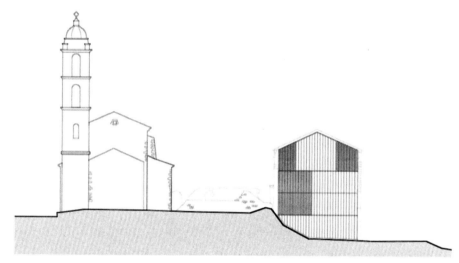

图4-3-96 修道院立面图
（图片来源：网络）

京都国立博物馆

京都国立博物馆位于日本京都府，场地包含旧馆和新馆。新旧建筑风格截然不同，新馆是现代风格，旧馆是古典复兴风格建筑，新旧建筑风格形成鲜明的对比。老馆——明治古都馆红砖青瓦，屋顶采用折衷的设计手法，融合佛教与和风的建筑风味。新馆——平成知新馆，由建筑师谷口吉生设计，典型的现代建筑，体型由"方盒"组合而成，材质使用混凝土、玻璃等现代建筑材料。因此新旧建筑在材料、质感、体形都有着鲜明的对比，但两者共处又十分和谐（图4-3-97~图4-3-104）。

图4-3-97　京都国立博物馆（旧馆）实景图1
（图片来源：作者自摄）

图4-3-98　京都国立博物馆（旧馆）实景图2
（图片来源：作者自摄）

图4-3-99　京都国立博物馆（新馆）实景图1
（图片来源：作者自摄）

图4-3-100　京都国立博物馆（新馆）实景图2
（图片来源：作者自摄）

图4-3-101　京都国立博物馆
新旧馆区位图
（图片来源：作者改绘）

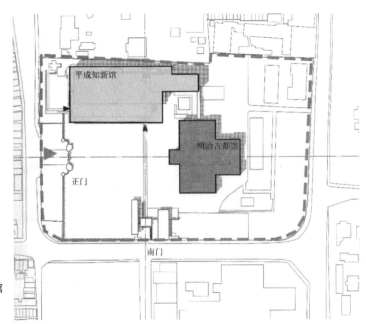

　　　外部环境

图4-3-102　京都国立博物馆立面图1

（图片来源：作者改绘）

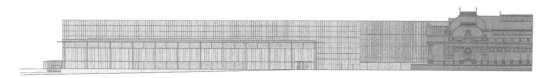

图4-3-103　京都国立博物馆立面图2

（图片来源：作者改绘）

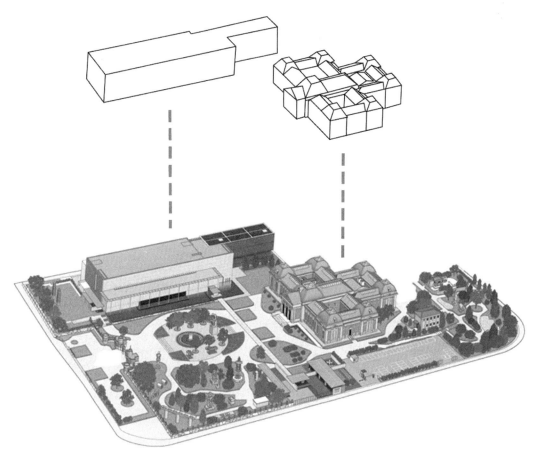

图4-3-104　风格不同的新旧馆

（图片来源：作者改绘）

维拉诺瓦德拉巴卡教堂

维拉诺瓦德拉巴卡教堂是13世纪建造的哥特式建筑，已经被大面积地摧毁，仅保留了一个拱顶、一些中殿遗迹和西立面。改建工程的目的是恢复教堂被焚毁部分并将其旧有结构改造成多功能大厅。建筑师将一个新的建筑外壳支撑在建筑遗迹上，将建筑立面改造成网格状砖墙和阿拉伯式瓦片屋顶。外立面不开窗，以建筑墙体的粗糙、不规则质感，营造历史环境要素的延续性。但是在建筑内部采用基调分化的手法，以白色打孔墙和灯光设计，创造极具现代感的室内空间氛围，形成新旧对比（图4-3-105～图4-3-110）。

图4-3-105 维拉诺瓦德拉巴卡教堂实景图
（图片来源：网络）

图4-3-106 新建部分实景图
（图片来源：网络）

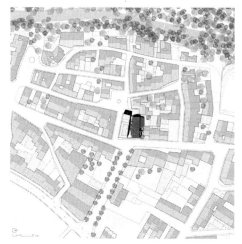

图4-3-107　维拉诺瓦德拉巴卡教堂区位图
（图片来源：作者改绘）

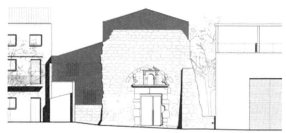

图4-3-108　教堂立面新建部分分析图
（图片来源：作者改绘）

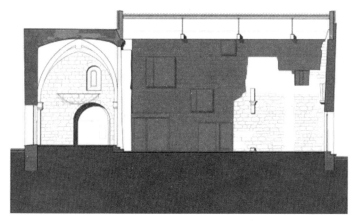

图4-3-109　教堂剖面新建部分分析图
（图片来源：作者改绘）

图4-3-110　教堂轴测分析图
（图片来源：网络）

瑞士疗养酒店

　　瑞士疗养酒店位于阿尔卑斯山之间，毗邻卢塞恩湖。建筑空间包括客房、水疗中心和游泳池区域。建筑师注重挖掘周边已有建筑的特质，新旧元素相结合。以现代的表达方式，现代的材料形式，呼应历史建筑的比例、尺度、风格，形成新旧对比、基调分化（图4-3-111～图4-3-117）。

图4-3-111　瑞士疗养酒店实景图1
（图片来源：网络）

图4-3-112　瑞士疗养酒店实景图2
（图片来源：网络）

图4-3-113　瑞士疗养酒店实景图3
（图片来源：网络）

图4-3-114　瑞士疗养酒店实景图4
（图片来源：网络）

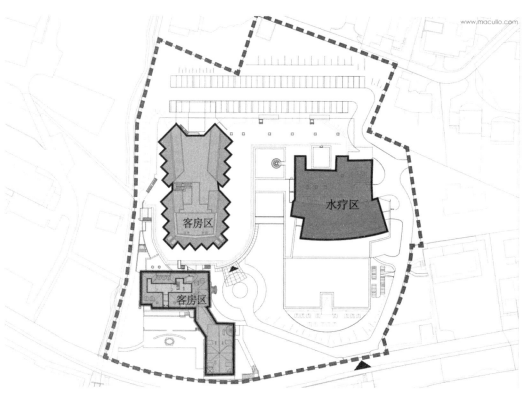

图4-3-115　总平面图
（图片来源：网络）

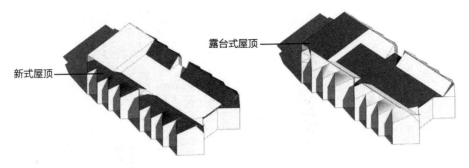

图4-3-116　新建部分屋顶造型图
（图片来源：作者自绘）

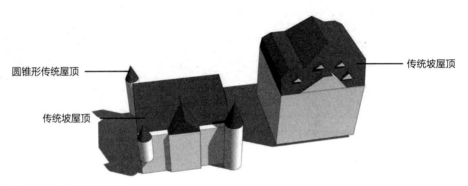

图4-3-117　传统屋顶图
（图片来源：作者自绘）

4.3.3　元素提取

1．肌理延续

城市肌理是人在长久以来的城市社会活动下，营造积累而形成的城市街道和街区面貌。延续城市肌理指新建建筑在形态上、体量上能够融入原有街区，不破坏原有街区结构，织补城市肌理，延续城市面貌（图4-3-118）。

广州恩宁路永庆片区微改造

广州永庆坊改造设计项目，延续了街区原有建筑的平面布局、立面风格和空间结构，保留了街道肌理及形态，在此基础上使用新的材料、结构形式、细部做法，体现时代特色（图4-3-119~图4-3-126）。

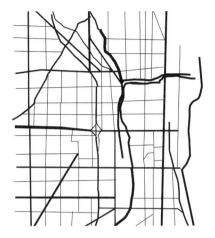

图4-3-118 城市肌理延续示意图
（图片来源：作者自绘）

图4-3-119 广州永庆坊现状实景图
（图片来源：网络）

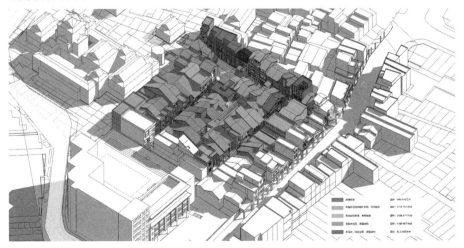

图4-3-120 广州永庆坊与周边建筑区位图
（图片来源：作者改绘）

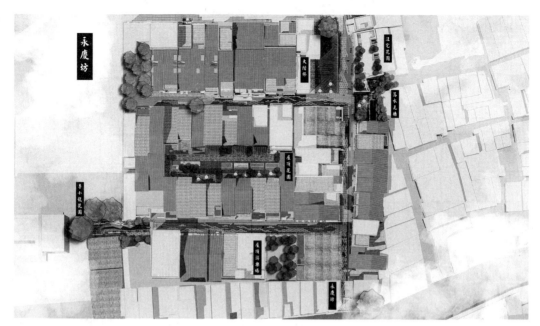

图4-3-121 项目总平面图
（图片来源：网络）

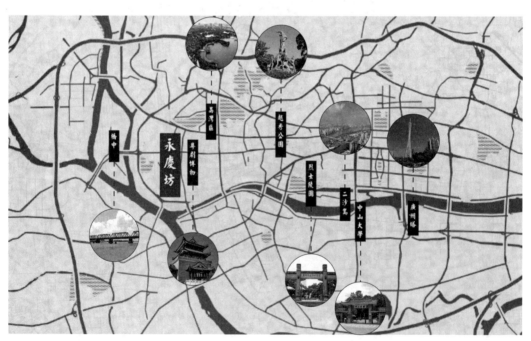

图4-3-122 广州永庆坊改造方式图
（图片来源：作者改绘）

图4-3-123　社区与周边建筑区位图
（图片来源：作者改绘）

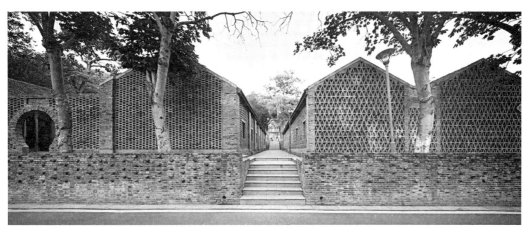

图4-3-124　建筑实景图
（图片来源：网络）

4　建筑外部环境相关设计手法　　187

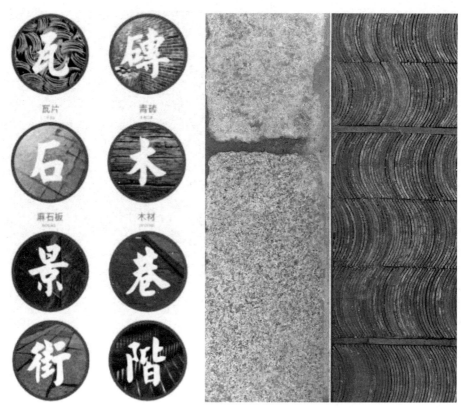

图4-3-125　广州永庆坊废料利用图
（图片来源：网络）

图4-3-126　广州永庆坊细部设计图
（图片来源：网络）

南京T80院落社区

南京T80院落社区是南京民国建筑遗产保护与再利用的设计实践，基地北侧紧邻历史文化古迹。该项目通过设置院落的方式，联系各个建筑，丰富外部环境的空间层次，形成公共空间与私密空间的良好过渡，并延续了原有的街区尺度（图4-3-127）。

设计选用历史建筑中常用的青砖，并赋予不同的构造方式，以院墙形成街巷，以形式各异的砖墙构筑丰富的场所空间，形成了历史街巷肌理的延续（图4-3-128、图4-3-129）。

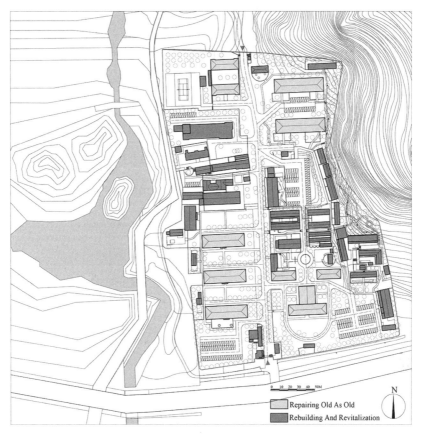

图4-3-127　建筑总平面图
（图片来源：网络）

图4-3-128　不同的花砖墙
（图片来源：网络）

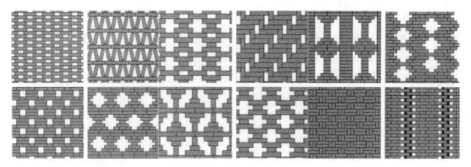

图4-3-129 花砖墙细节图
（图片来源：网络）

上海复兴路SOHO

上海SOHO复兴广场是一座由办公空间、商业配套和餐饮设施构成的城市综合体，在规划设计中特别注重建筑的尺度与体量组合，以周边历史建筑的尺度为基准，以城市街区肌理布置建筑群的布局方式，既体现了时代特色，又实现了与周边环境的融合（图4-3-130～图4-3-133）。

图4-3-130 上海复兴路SOHO实景图
（图片来源：网络）

图4-3-131 上海复兴路SOHO与周边建筑关系实景图
（图片来源：网络）

图4-3-132 上海复兴路SOHO与周边建筑区位图
（图片来源：作者改绘）

图4-3-133 项目总平面图
（图片来源：网络）

2．空间传承

空间传承即延续传统建筑的平面布局、空间构成，将其运用到现代建筑之中。提取空间元素既是对传统建筑精髓的转译，更好地延续传统空间，也能够挖掘现代建筑的创新性发包方式。

我们在注重建筑形体与空间形态的创造的同时，还要善于从整体环境出发，从自然条件、地段环境、城市及周边环境等限定方面综合考虑，使建筑成为环境中不可分割的一部分。而建筑空间创作更应综合考虑城市历史环境，融入历史环境，与历史环境对话（图4-3-134）。

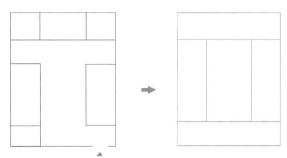

图4-3-134　传统空间传承形式示意图
（图片来源：作者自绘）

扬州瘦西湖文化行馆

扬州青普瘦西湖文化行馆位于扬州市西湖附近。建筑整体采用了网格化的布局形式，通过围墙和连廊进行空间限定，形成一个多院落的空间组合。该设计的灵感源自中国传统院落的布局形式。在细部处理上，以灰色回收砖构筑墙体，以现代的方式重构传统建筑元素（图4-3-135～图4-3-140）。

图4-3-135　扬州瘦西湖文化行馆鸟瞰图
（图片来源：网络）

图4-3-136　扬州瘦西湖文化行馆图1
（图片来源：网络）

图4-3-137　扬州瘦西湖文化行馆图2
（图片来源：网络）

图4-3-138　内部通道图
（图片来源：网络）

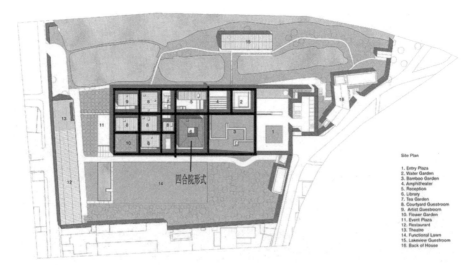

图4-3-139　扬州瘦西湖文化行馆总平面图
（图片来源：作者改绘）

原始地块建筑分布图　　　　　　　网格分隔方法图　　　　　　　四合院形式、院落形式形成图

图4-3-140　布局分析图
（图片来源：作者自绘）

龙游博物馆

龙游博物馆的设计灵感来源于当地传统民居院落形式，形成"四水归堂"的布局。建筑师将传统"四水归堂"的方形平面重新解构、拉伸、变形，以两个"L"形体块错位、围合形成整体布局。在细部设计上通过现代建筑语言表达传统的江南屋顶、墙体等传统元素（图4-3-141~图4-3-146）。

图4-3-141　龙游博物馆鸟瞰图
（图片来源：网络）

图4-3-142　龙游博物馆实景图
（图片来源：网络）

图4-3-143　龙游博物馆西南面透视图
（图片来源：网络）

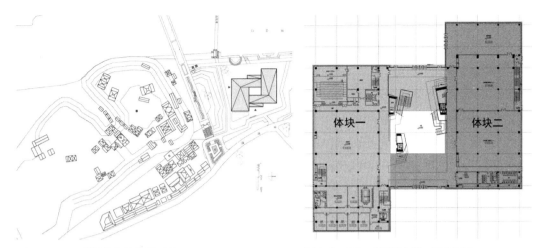

图4-3-144 龙游博物馆总平面图
（图片来源：网络）

图4-3-145 龙游博物馆一层平面图
（图片来源：作者改绘）

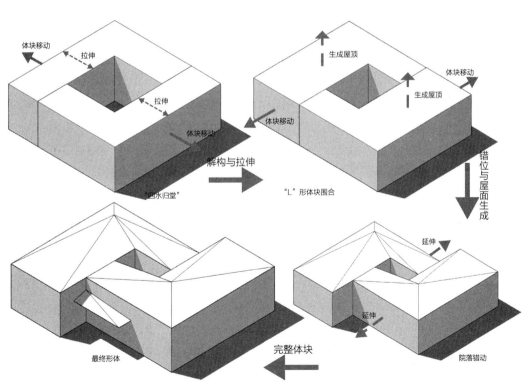

图4-3-146 龙游博物馆体块演变图
（图片来源：作者自绘）

4 建筑外部环境相关设计手法 195

荷合院

　　荷合院位于上海嘉定新城远香湖旁。建筑师以开设洞口的墙体围合形成建筑边界，内部借鉴了传统的造园手法，将建筑的主要功能体块分解重构，形成分散在场地中的三个主要体量。体块之间相互分隔渗透，蜿蜒曲折。通过设置回廊，形成连续的环游路线。在此基础上穿插布置角亭、莲花池等空间景观。整个建筑延续传统园林设计手法，构筑了以城市为背景的园林空间（图4-3-147～图4-3-152）。

图4-3-147　荷合院实景图1
（图片来源：网络）

图4-3-148　荷合院实景图2
（图片来源：网络）

图4-3-149　荷合院实景图3
（图片来源：网络）

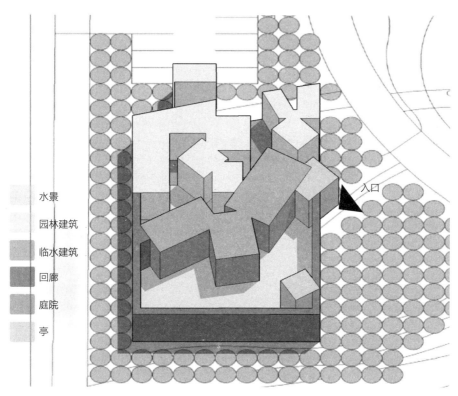

图4-3-150　荷合院建筑与景观关系图
（图片来源：作者自绘）

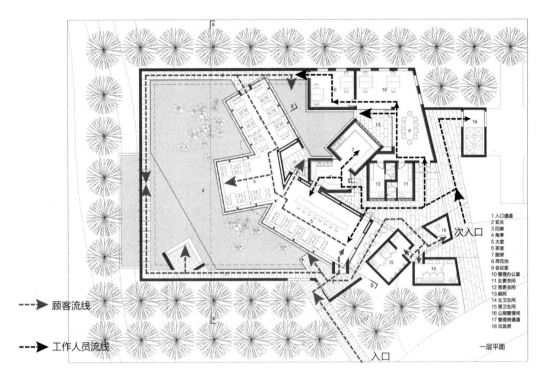

图例:

- - - - ▶ 顾客流线

- - - - ▶ 工作人员流线

图中标注:

1 入口通道
2 玄关
3 回廊
4 角亭
5 大堂
6 茶室
7 厨房
8 荷花池
9 会议室
10 管理办公室
11 女更衣间
12 男更衣间
13 庖院
14 女卫生间
15 男卫生间
16 公厕管理间
17 管理房通道
18 垃圾房

次入口

入口

一层平面

图4-3-151　荷合院流线图
（图片来源：作者改绘）

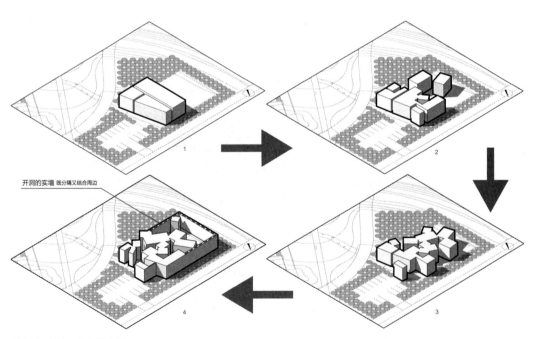

开洞的实墙 既分隔又结合周边

图4-3-152　体块演变图
（图片来源：作者自绘）

3. 符号转化

在建筑设计的过程中，将传统建筑符号或具有特定含义的建筑元素直接或抽象变形运用到建筑中，即是对建筑符号的提取与转译。设计时，应从空间、环境、结构等多方面角度考虑，对建筑符号进行合理的提取与运用，赋予现代建筑特殊的意义和内涵，充分理解地域人文特点，以合适的形式表达出对建筑符号的认识并运用到建筑上，使新建筑在符号的转译浸透下，成为特定文化、传统、风俗的载体。

对于中国传统建筑符号的转译，应该经过简化、提取与抽象，以隐喻的手法来表达。郑时龄老师曾言："在当代中国建筑转型过程中，如何将中国传统建筑的形式和哲理应用到当代建筑创作上，同时在建立新的符号体系方面，远比其他艺术领域困难得多。而建筑的符号体系所体现的价值体系也远比其他艺术更为真实，并且也受到价值体系更深远的制约和影响。"[①]

浅草文化观光中心

浅草文化观光中心位于东京的老街区浅草寺附近，其建造目的是为了推进浅草观光旅游事业，地上8层，地下1层，和浅草寺处在一条轴线上，相对呼应。建筑的立面由玻璃和杉木组成，杉木条有规律地依次纵向排列在玻璃幕墙上，形成木质的韵律感。每一层的屋顶与上一楼层地面所形成的三角区域，作为建筑的设备层。同时，三角形屋顶的形式也呼应着传统建筑的坡屋顶。木格栅的设计提取浅草寺屋檐下方垂木这一元素，整齐排列的木格栅，不仅给建筑带来韵律感，也展示出传统建筑的美感（图4-3-153～图4-3-156）。

中国美术学院民艺博物馆

中国美术学院民间艺术博物馆坐落于杭州市象山校区，占地4970平方米，由日本建筑师隈研吾设计。建筑师提取周围传统民居屋顶的瓦片元素运用到博物馆的屋顶、中庭地面及立面的设计中，几乎贯穿整个建筑，体现当地地域特点。在立面上设计师将一片片瓦用丝网结构悬挂在半空置于玻璃幕墙外，使建筑多了几分轻盈。通过调节瓦片前端的伸出与缩进量，使其看起来更加参差与粗糙，不仅能够避免阳光直射造成对展品的影响，形成柔和的光线，而且能够营造特殊的光影效果。整座建筑还使用当地木材作为建筑材料，取材于杭州的自然素材，回归于自然，与自然融合为一体（图4-3-157～图4-3-162）。

---

① 郑时龄. 建筑批评学［M］. 北京：中国建筑工业出版社，2013.

图4-3-153　浅草文化观光中心与浅草寺位置关系图

（图片来源：作者自绘）

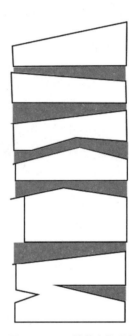

■ 设备层

图4-3-154　浅草文化观光中心实景图

（图片来源：作者自摄）

图4-3-155　浅草文化观光中心设备层的位置

（图片来源：作者自绘）

图4-3-156　浅草文化观光中心立面设计来源

（图片来源：作者自绘）

图4-3-157　博物馆实景图1
（图片来源：作者自摄）

图4-3-158　博物馆实景图2
（图片来源：作者自摄）

图4-3-159　博物馆实景图3
（图片来源：作者自摄）

图4-3-160　博物馆实景图4
（图片来源：作者自摄）

用于外墙立面

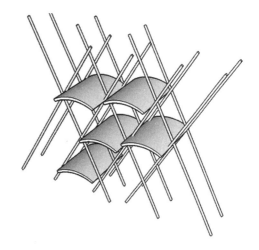

图4-3-161　瓦片用于博物馆立面
（图片来源：作者自绘）

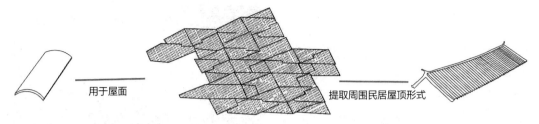

用于屋面　　　　　　　　　　　　　　　　　提取周围民居屋顶形式

图4-3-162　元素提取示意图

（图片来源：作者自绘）

参考文献

[1] 王受之. 世界现代建筑史 [M]. 北京：中国建筑工业出版社，1999.

[2] 杨秉德. 建筑设计方法概论 [M]. 北京：中国建筑工业出版社，2009.

[3] 吴良镛. 广义建筑学 [M]. 北京：清华大学出版社，1989.

[4] 王建国. 城市设计第3版 [M]. 南京：东南大学出版社，2011.

[5] 周卫. 历史建筑保护与再利用——新旧空间关联理论及模式研究 [M]. 北京：中国建筑工业出版社，2009.

[6] 张松. 历史城市保护学导论——文化遗产和历史环境保护的一种整体性方法第2版 [M]. 上海：同济大学出版社，2008.

[7] 陆地. 建筑的生与死——历史性建筑再利用研究 [M]. 南京：东南大学出版社，2004.

[8] 罗小未. 上海新天地——旧区改造的建筑历史、人文历史与开发模式的研究 [M]. 南京：东南大学出版社. 2002.

[9] 阮仪三. 历史环境保护的理论与实践 [M]. 上海：上海科学出版社，2000.

[10] （美）J. 柯克·欧文. 西方古建古迹保护理念与实践 [M]. 秦丽译. 北京：中国电力出版社，2005.

[11] （俄）普鲁金. 建筑与历史环境 [M]. 韩林飞译. 北京：社会科学文献出版社，1997.

[12] （挪威）诺伯格·舒尔兹. 存在空间建筑 [M]. 尹培桐译. 北京：中国建筑工业出版社，1990.

[13] （美）肯尼斯·弗兰姆普敦. 现代建筑：一部批判的历史 [M]. 张钦楠，等译. 北京：生活·读书·新知三联书店，2004.

[14] （英）凯瑟琳·斯莱塞. 地域风格建筑 [M]. 彭信苍译. 南京：东南大学出版社，2001.

[15] 中国建筑史编写组. 中国建筑史 第2版 [M]. 北京：中国建筑工业出版社，1986.

[16] 潘谷西. 中国建筑史 第5版 [M]. 北京：中国建筑工业出版社，2004.

[17] 陈志华. 外国建筑史 19世纪末叶以前 第4版 [M]. 北京：中国建筑工业出版社, 2009.

[18] 罗小未. 外国近现代建筑史 第2版 [M]. 北京：中国建筑工业出版社, 2004.

[19] 常青. 建筑遗产的生存策略 保护与利用设计实验 [M]. 上海：同济大学出版社, 2003.

[20] 常青. 历史环境的再生之道 历史意识与设计探索（中英文对照）[M]. 北京：中国建筑工业出版社, 2009.

[21] 韩冬青, 冯金龙. 城市·建筑一体化设计 [M]. 南京：东南大学出版社, 1999.

[22] 周俭, 张恺. 在城市上建造城市 法国城市历史遗产保护实践 [M]. 北京：中国建筑工业出版社, 2003. 03.

[23]（日）日建设计站城一体开发研究会. 站城一体开发 II [M]. 沈阳：辽宁科学技术出版社, 2019.

[24] 张建涛, 刘韶军. 建筑设计与外部环境 [M]. 天津：天津大学出版社, 2002.

[25] 华晓宁. 整合于景观的建筑设计 [M]. 南京：东南大学出版社, 2009.

[26]（英）安娜·鲁斯, 等. 博物馆地方文脉与全球语境 [M]. 曹麟, 唐海萍译. 大连：大连理工大学出版社, 2017.

[27]（英）柯林斯. 现代建筑设计思想的演变1750—1950 [M]. 英诺聪译. 北京：中国建筑工业出版社, 1987. 11.

[28]（英）福斯特建筑事务所, 等. 嫁接建筑 建筑中的旧与新 [M]. 大连：大连理工大学出版社, 2018.

[29] 郑东军, 黄华. 建筑设计与流派 [M]. 天津：天津大学出版社, 2002.

[30]（美）麦克哈格. 设计结合自然 [M]. 芮经纬译. 北京：中国建筑工业出版社, 1992.

[31] Kevin Lyneh. The Image of the City [M]. Gambrige: The MIT Press, 1979.

[32]（日）安藤忠雄事务所, 等. 建筑立场系列丛书——连接传统与创新 [M]. 蒋丽, 丁树亭译. 大连：大连理工大学出版社, 2017.

[33]（印尼）伊梅尔达·阿克马尔. 热带住宅 [M]. 付云伍译. 桂林：广西师范大学出版社, 2018.

［34］大舍. 当代建筑师系列——大舍［M］. 北京：中国建筑工业出版社，2012.

［35］周峻. 中国当代建筑作品集［M］. 常文心译. 沈阳：辽宁科学技术出版社，
2018.

［36］（意）斯特凡尼娅·科隆纳-普雷蒂著. 西方建筑史丛书——19世纪建筑［M］.
王烈译. 北京：北京美术摄影出版社，2019.

［37］中国当代建筑赏析编委会. 中国当代建筑赏析［M］. 沈阳：辽宁科学技术
出版社，2018.

［38］高明磊. 中国当代公共建筑——文化、体育建筑［M］. 南昌：江西科学技
术出版社，2019.

［39］程里尧. 中国古建筑大系——文人园林建筑［M］. 北京：中国建筑工业出
版社，2004.

［40］李兴钢工作室. 当代建筑师系列——李兴钢［M］. 北京：中国建筑工业出
版社，2012.

［41］Dominic Bradbury, Richard Powers. theiconichouse［M］. London:
Thames & Hudson Ltd, 2009.

［42］Alan Weintraub, Kathryn Smith. Ranklloyd Wright American Master［M］.
United States of America: Rizzoli International Puiblications, INC, 2009.

［43］（美）汤姆·梅恩. 复合城市行为［M］. 丁峻峰，等译. 南京：江苏凤凰
科学技术出版社，2019.

［44］广州市唐艺文化传播有限公司. 欧洲古典建筑元素——从古罗马宫殿到现
代民居［M］. 北京：中国林业出版社，2017.

［45］北京大学聚落研究小组，北京建筑大学ADA研究中心. 窑洞民居［M］. 北
京：中国电力出版社，2019.

［46］王翠兰. 中国建筑艺术全集——宅第建筑（四）南方少数民族［M］. 北京：
中国建筑工业出版社，1999.

［47］张雷联合建筑事务所. 当代建筑师系列——张雷［M］. 北京：中国建筑工
业出版社，2012.

［48］支文军，戴春编. 中国当代建筑大全［M］. 常文心，贺丽，张晨译. 沈阳：
辽宁科学技术出版社，2018（3）.

［49］（比）宾得. 中国高楼［M］. 李丽等译. 桂林：广西师范大学出版社，
2015.

［50］傅熹年. 中国古代建筑史——三国、两晋、南北朝、隋唐、五代建筑 第二版［M］. 北京：中国建筑工业出版社，2009.

［51］王伯扬. 中国古建筑大系——帝王陵寝建筑［M］. 北京：中国建筑工业出版社，2004.

［52］韦然. 中国古建筑大系——佛教建筑［M］. 北京：中国建筑工业出版社，2004.

［53］茹竞华，彭华亮. 中国古建筑大系——宫殿建筑［M］. 北京：中国建筑工业出版社，2004.

［54］王其钧. 中国古建筑大系——民间住宅建筑［M］. 北京：中国建筑工业出版社，2004.

◇ 后记

    对建筑外部环境案例分析的兴趣是职业和专业使然，外出旅行和调研时用相机记录建筑的习惯，每到一处，看到好的建筑就会拍照留存。十余年来，拍摄了许多国内外的知名建筑，亲身体验、感受到建筑之美。记录的建筑越来越多，经过分析总结，分类整理，水到渠成般成就了《外部环境》这本书的编写。

    此书得以完成，特别感谢郑州大学建筑学院顾馥保教授，顾教授深耕河南建筑设计行业多年，治学严谨，耐心指导，给了我们很多中肯的建议。郑东军老师在丛书编写过程中，也给了我们很多的帮助，在此一并致谢。

    本书从萌发写作到结合丛书要求进行编写，历经多载，在此过程中，中原工学院建筑工程学院建筑系的多位研究生及本科生参与其中。温常波、张孟辉、姚湾湾、艾茜、胡莉婷、杨金龙、赵阳和范晋源参与了本书前期书稿的章节撰写、部分案例分析及资料搜集工作；在后续工作中，王亚拓、胡文远又对前期案例和章节内容进行了修改增补；同时，赵影、王嘉薇参与了第四章建筑与自然环境部分的案例分析及文字整理工作；李默、张佳辉参与了第四章建筑与人工环境部分案例的分析及整理工作；黄婉婷、王慧婷参与了第四章建筑与人文环境部分的案例分析及文字整理工作。

    本书以案例分析为主，图文并茂，在此对本书所引用的图片的作者表示由衷感谢！

    最后，感谢中国建筑出版传媒有限公司（中国建筑工业出版社）的领导和编辑的支持与帮助，在书稿审稿过程中，严谨、专业的工作，使本书得以不断完善。

于　莉　张彩丽

2021年10月30日